文怡 "心" 厨房

从"零"开始

学烘焙2

文怡 编著

摄影：王 淼
封面摄影：柳 熹
封面化妆：邓 芳
卡通手绘：隋 杨
感谢本书以下工作人员：
国 明 王 瑒 高 洁 周利娟
张云鹭 王 祥 孙 哲 周 雪 刘 倩

中国纺织出版社

图书在版编目（CIP）数据

从零开始学烘焙.2 / 文怡编著. —北京：中国纺
织出版社，2012.11（2017.3重印）
（文怡"心"厨房）
ISBN 978-7-5064-9152-5

Ⅰ.①从… Ⅱ.①文… Ⅲ.①烘焙—糕点加工 Ⅳ.
①TS213.2

中国版本图书馆CIP数据核字（2012）第220127号

责任编辑：卢志林　　责任印制：王艳丽

中国纺织出版社出版发行
地址：北京市朝阳区百子湾东里A407号楼　邮政编码：100124
销售电话：010－67004422　传真：010－87155801
http: // www.c-textilep.com
E-mail: faxing@c-textilep. com
中国纺织出版社天猫旗舰店
官方微博http://weibo.com/2119887771
北京利丰雅高长城印刷有限公司印刷　各地新华书店经销
2012年11月第1版　2017年3月第7次印刷
开本：787×1092　1/16　印张：10
字数：145千字　定价：35.80元

前　言

　　清楚的记得，2004年7月8号的那个下午，我刚从巴黎回到北京。到家放下行李，就一溜烟儿地跑出去买东西，因为10号是我的生日，我特想在那天，亲手为父母做一个蛋糕，主要是为了显摆显摆。我在外漂泊期间，不但没饿着自己，还学会了做在他们看来很高级很高级的，比稻香村的点心匣子还高级的奶油大蛋糕。

　　那时，北京还没那么多喜欢玩烘焙的人，更难找到专门卖烘焙用品的地方，在有限的条件和设备下，坚持烘焙这个爱好可真不是件容易事儿。也就是在那时，因烘焙而结缘了很多朋友，现如今，很多年过去了，她们有的依然是电脑那边我的牵挂，有的则成为我生活中的朋友，甚至是工作上的伙伴。

　　2008年，我和好友国明一起合作出版了《从零开始学烘焙》，记得交稿时我俩很忐忑，我们在想，烘焙这么小众，这个书会有人看么？抱着做都做了，写都写了，拍都拍了，无路可退的想法，就把那本书出了，没想到那书迄今为止已经重印了近20次之多，在这个过程中，这本书就像一块磁铁般，吸引了越来越多热爱烘焙的朋友。

　　今年，有幸和我的另一个好友妍色合作这本《从零开始学烘焙2》。出于私心，她在家庭烘焙方面，比我更有研究，做的更好。更重要的是，我想用这本书记录下我们因烘焙而相识、相知的这段弥漫着甜点芬芳的友情。

　　不管是手脚麻利地炒几盘家常菜，还是慢条斯理地享受烘焙过程带来的快乐，当我们把自己的"作品"端到爱人、家人和孩子的面前，再看看他们幸福的样子，你会发现，哇，世界上投资成本最低，但收益回报最高的事儿，原来，是躲在厨房"喂人民服务"啊！

　　这些年，因美食宠坏了家人，娇惯了朋友，更因为美食这块大磁铁，收获了更多志趣相投的朋友。

　　"我是文怡，我来了，你在哪儿？"

文怡

目 录

烘焙基础篇

HONGBEIJICHUPIAN

烘焙基本工具

1 烤箱：想要烘烤出美味可口的食物，一台性能优良的烤箱必不可少。选择烤箱要了解以下几点：

家用烤箱内容升通常在15～60升之间。选择时，尽量选择内容升不小于20升的烤箱，并且烤箱内部至少有两层适合放置烤盘的位置，这样才会有相对足够的空间摆放不同形状的模具、烤制较大的食物，如大型蛋糕等。

一般家用烤箱温度可设定在100～250℃之间，可设定最大时长约为60分钟。选择时，要尽量选择刻度标识细致明确的烤箱。

烤箱内部安装有底层和顶层两层加热管。制作烤箱菜和点心时，大多数情况需要上下管同时加热，但个别时候也需要上管或下管单独加热，所以最好购买可上下管单独加热的烤箱。

新购买的烤箱第一次使用时，需要通电以200℃空烧20分钟，这期间会冒出呛人的烟雾，属于正常现象，是因为出厂时加热管上涂了一层油，空烧后即可去除。空烧期间，请注意保持通风。

烤箱

2 烤盘&烤网：购买烤箱时，通常都会配有符合烤箱尺寸的烤盘和烤网。烤制蛋糕、饼干、肉类、蔬菜都可以用到，烤网也适用于晾晒烤好的食物。

烤盘把手：购买烤箱时附带，用于从烤箱中取出烤盘和烤网，具有很好的防烫功能。

隔热手套：用于从烤箱中取出烤盘或模具，常见的有布制和硅胶两种。

烤盘&烤网　　烤盘把手　　隔热手套

3 电动打蛋器：电动打蛋器由机身和打蛋头组成，功率一般在100瓦左右，功率越大，搅打的力度越大，耗时越短。具有省时省力，搅打效果好等特点。可以用来打发全蛋、蛋清、黄油、奶酪等需要大力搅打的食材。

手动打蛋器：手动打蛋器通常为不锈钢材质，其头部的钢丝越多，搅打的效果就越好越快。具有价格适中，清洗方便，用途广泛等特点。适合搅拌面糊、蛋黄等不需要大力搅打的食材。

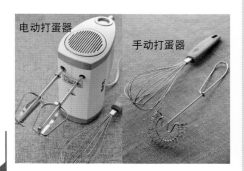
电动打蛋器　　手动打蛋器

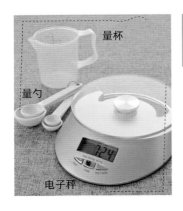

4 电子秤：烹调某些食物时，需要严格按照配方中的量来操作，这时就需要一个称量准确的电子秤。电子秤的最大特点就是称量准确，可以精确至1克。使用时要注意物品不要超过电子秤的最大可称重量。

量杯：主要用来称量液体。一般有塑料和玻璃两种材质，杯身有刻度，通常一杯液体约等于240毫升。

量勺：主要用来称量少量粉类或液体。一般有塑料和金属两种材质。一组量勺通常有4个，1大勺≈15毫升，1小勺≈5毫升，1/2小勺≈2.5毫升，1/4小勺≈1.25毫升，这个量通常是指一平勺。

5 橡皮刮刀：为塑料或橡胶制品。刀柄为硬质塑料，刀口处软且薄，具有较好的柔软度。是非常好用的混合搅拌工具，并能紧贴盆壁，将挂在盆边上的面糊或酱料刮的干干净净。

毛刷：为木制柄，羊毛刷头。主要用来涂抹酱料和蛋液，也可以用来扫去台面和面团上多余的粉类。注意不要直接与高温器具接触，用温和洗涤剂清洗后刷头朝下悬挂晾干。

分蛋器：塑料材质，用于分离鸡蛋的蛋黄和蛋清。

木勺：熬煮酱汁或面糊时，多用木勺作为搅拌器具。具有耐高温，搅拌力度大、均匀等特点。

6 定时器：小小定时器是厨房的大帮手，常常在你忘记时间的重要时刻准时提醒你。建议常备。

温度计：食物专用温度计常常用于测量面团和液体的温度，建议有一定烘焙基础的朋友常备，并不是初接触烘焙人士的必备工具。

7 烘焙中常用的刀具主要有小刀、片刀、抹刀、齿刀等。不同刀具具有不同的用途。

小刀：主要用来切割小块食材或辅助蛋糕脱模。

片刀：主要用来切分大块食材或肉类、蔬菜等，用途十分广泛。

抹刀：用于抹平蛋糕面糊和奶油面糊，使表面更平整光滑。

齿刀：用于切分蛋糕和面包。刀具上特别的齿形刀口能以"锯"的方式切割食物，适合切割柔软的食物。

8 塑料刮板：塑料制品，呈梯形或半圆形。主要用来混合面团或者切割面团，也可用于聚合操作台上分散的食材，或用于刮除操作台上残留的粉类。

不锈钢切刀：金属制，刀片较锋利，主要用于分割面团。

蛋糕铲：金属制，用于移动蛋糕或比萨。

9 搅拌盆：主要分为不锈钢、玻璃、塑料等几种材质。用于搅拌和盛放各种食材，建议不同大小的搅拌盆都常备几个。

网筛：通常由金属材料制成，有尺寸大小、网眼粗细之分，多用来过筛粉类和液体。过筛后的粉类更均匀，不易结块；过筛后的液体更加顺滑细腻。过筛大量粉类可以用大尺寸、粗网眼的网筛。而装饰用的糖粉、可可粉等，就适合用小尺寸、小网眼的网筛。

吐司模

10 吐司模：长方形吐司盒，有大小之分，适合盛放各种吐司面团。

圆形锁扣活底模具

11 圆形锁扣活底模具：金属制，带不粘涂层蛋糕模，用于烤制各种蛋糕，也可用于慕斯蛋糕的制作。活底和锁扣的设计，使蛋糕更易脱模。这种带有涂层的模具，注意不要用锋利的器具将其划伤。

凤梨酥模具

12 凤梨酥模具：金属制连排式凤梨酥专用模具。

13 硅胶蛋糕模：由耐热硅胶制成，主要用于烤制蛋糕。具有易于脱模，使用方便的特点。

硅胶蛋糕模

布丁模具

14 布丁模具：金属小布丁模具，主要用来烤制焦糖布丁等。

费南雪模具：费南雪蛋糕专用模具。

费南雪模具

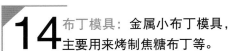

玛德琳蛋糕模具

饼干切模

15 饼干切模：由金属或塑料材质制成，用来切割出不同的饼干形状。

16 玛德琳蛋糕模具：主要有硅胶和金属材质两种，用来制作玛德琳蛋糕。

慕斯圈

17 慕斯圈：不锈钢材质，无底。有方形、圆形、心形、花形和其他异形，并有大小之分。主要用于制作慕斯蛋糕。

塔派模

18 塔派模：多为金属制模具，边沿浅且带花纹。有固定底和活底之分，主要用来制作各种塔派。

塑料慕斯杯　纸杯

19 纸杯：耐热纸制蛋糕杯，用来制作马芬等杯子蛋糕。

塑料慕斯杯：一次性塑料杯，具有透明、携带方便等特点。主要用来制作冷冻慕斯类甜品。

20 陶瓷烤模：耐烤陶瓷器皿，形状多样，大小各异。主要用于烘烤布丁、舒芙蕾等甜品。

陶瓷烤模

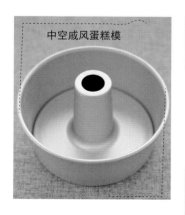

中空戚风蛋糕模

21 中空戚风蛋糕模：金属制，戚风蛋糕专业模具，活底中空的设计，特别适合制作戚风蛋糕，能使戚风蛋糕爬升到前所未有的高度，得到丰盈湿润的口感。

咕咕霍夫模具

22 咕咕霍夫模具：这样中空、四周带有纹路的模具，称为咕咕霍夫模具，主要有硅胶和金属材质。用于制作咕咕霍夫蛋糕和各种重油、巧克力蛋糕。

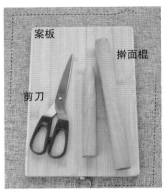

23 案板：主要有木质和塑料两种材质。建议烘焙使用的案板与日常使用的案板区分开来，防止串味，也更加卫生。

剪刀：在处理某些食材时，剪刀要比菜刀用起来更方便灵活，建议常备一把锋利好用的剪刀。

擀面棍：多为木质材料，也有塑料和硅胶材料的。小擀面棍一般用来卷擀小块面团或者包子、饺子皮；大擀面棍也称走捶，主要用来卷擀大块面皮。

24 裱花袋：主要有塑料和布制材料两种，有大小之分。塑料裱花袋具有使用方便、平价等特点，但由于其抗压能力较弱，主要用于盛放奶油、蛋清糊等较轻的食材；布制裱花袋相对比较结实耐用，主要用来盛放曲奇面糊和泡芙面糊等需要较大力挤出的面糊。

裱花嘴：主要由不锈钢材料制成，也有少数为塑料材质。将不同花型的裱花嘴装入剪好口的裱花袋中，就可以挤出相应的漂亮花型。

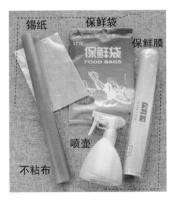

25 保鲜袋：用于保存蔬菜、水果、肉类、面团等的袋子，用途十分广泛。

锡纸：主要用于包裹或覆盖烘焙时的食物或器具，能起到防粘、导热、抑制过分烘烤的作用。

保鲜膜：主要用于覆盖或包裹食物，以保持食物的原味和新鲜度。

不粘布：可反复使用，耐热性好，无毒无味。垫在烘烤的食物底部，主要起到防粘的作用。

喷壶：主要用于在食物表面喷水，起到保湿、制造蒸汽的作用。

26 冰激凌挖勺：不锈钢材质，用于挖取冰激凌球。

烘焙基本原料

1 鸡蛋：鸡蛋中含有丰富的蛋白质、脂肪以及人体所需的矿物质，是西点烘焙中最常用的原料之一。一个普通鸡蛋重约60克，其中蛋壳约10克，蛋黄约15克，蛋清约35克。通常配方中指的蛋的重量都是去壳后的，使用时请尽量选择新鲜的鸡蛋。

鸡蛋

2 马斯卡朋奶酪：一种未经发酵的鲜奶酪，英文名为Mascarpone，具有柔软、清淡、价格较贵、保质期较短等特点，是制作提拉米苏蛋糕的专用奶酪。

帕马森奶酪粉：是由一种叫Parmesan的意大利硬质奶酪经研磨得到的淡黄色奶酪粉末。味道天然且具有浓郁的奶酪香，经常用于意大利面、比萨、咸味饼干的调味。

马斯卡朋奶酪

奶油奶酪

马苏里拉奶酪

帕马森奶酪粉　片状切达奶酪

片状切达奶酪：是由一种叫Cheddar Cheese的硬质全脂牛乳奶酪经过加工得到的片状奶酪，其色泽呈淡黄或金黄，口感柔软细滑，乳脂含量45%左右，是最常用的奶酪之一。

奶油奶酪：英文名为Cream Cheese，是一种未成熟的全脂奶酪，脂肪含量50%左右，颜色乳白，质地细腻，口味柔和，是制作奶酪蛋糕的主要奶酪。

马苏里拉奶酪：英文名为Mozzarella，又称马祖里拉、莫扎雷拉，是意大利南部坎帕尼亚和那布勒斯地区产的一种淡味奶酪，质地较软，弹性十足，奶香浓郁。马苏里拉是制作比萨的首选奶酪，马苏里拉受热会变得相当黏稠，能拉出很多的丝，口感和味道是其他奶酪不可比拟的。马苏里拉奶酪也可以用来制作焗饭、意大利面等。

3 奶粉：奶粉是由牛奶脱水后经过加工得到的粉末，具有营养丰富、易于储存的特点。在烘焙中使用奶粉，可以使成品的奶香十足，风味独特。

抹茶粉：是由绿茶加工而成的天然粉末，具有颜色翠绿、味道清新醇香的特点。被广泛用于蛋糕、饼干、冰激凌等甜品的制作。

榛子粉：榛子去壳去皮后，将果实研磨后得到的粉末，呈黄色颗粒状，有一定油分。添加在蛋糕或馅料中，能增加蛋糕的风味，并丰富口感。

可可粉：可可粉是由天然可可豆经加工得到的棕红色粉末，具有天然的可可香气，可制作巧克力蛋糕、饼干、冰激凌等。

4 黑巧克力：是烘焙中最常用的巧克力，不含糖，可可脂含量高，风味醇厚原始，常用于巧克力蛋糕、巧克力冰激凌的制作。

白巧克力：白巧克力中不含有可可粉成分，主要是由可可脂、糖、牛奶等物质制成。常用于慕斯的制作和蛋糕装饰。

5 咖啡酒：咖啡风味的甜酒。烘焙中常用此酒制作酒糖液，用于涂抹提拉米苏的蛋糕片。

朗姆酒：朗姆酒是由甘蔗糖汁经压榨和蒸馏得到的一种气味芳香、口感微甜的蒸馏酒。常用于西式菜肴和甜品的烹调，主要起到提味、去腥的作用。

6 牛奶：牛奶根据乳脂含量的不同，可以分为全脂、低脂及脱脂牛奶，牛奶中含有大量的优质蛋白和多种微量元素，是家庭常备的营养饮品。用于烘焙中，主要起到柔软组织、增加口感、替代其他水分的作用。

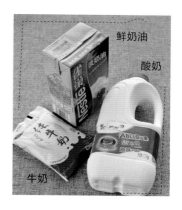

酸奶：酸奶是以新鲜的牛奶为原料，经过巴氏杀菌后再向牛奶中添加有益菌，经发酵后再冷却灌装的一种牛奶制品。常常添加在蛋糕面糊中，起到提味的作用。

鲜奶油：英文名为Cream，也称淡奶油、搅打奶油、忌廉等。是从牛奶中提炼的乳脂成分，口感与牛奶较为相似。常用来制作西餐馅料、慕斯、裱花蛋糕等。

7 低筋面粉：面粉的筋度由面粉中的蛋白质含量决定。低筋面粉蛋白质含量在8%左右，因其筋度低，常用来制作蛋糕、饼干、塔派等。

高筋面粉：蛋白质含量在12%左右，因其筋度高，适合制作欧式面包及其他口感筋道的面点。

玉米淀粉：是由玉米提取出的淀粉，洁白、细腻、蛋白质含量低，常用于烘焙中。主要起到中和面粉筋度、防粘等作用。

8 各种干果：烘焙中，常用到的干果有开心果、榛子、杏仁、核桃、葡萄干、花生等，主要起到丰富食物口感的作用。宜密封保存。

9 肉松：是由肉类通过炒制、干燥而得。烘焙中，主要作为馅料使用，如制作肉松蛋糕卷、肉松面包等。

豆沙馅：是由红豆经研磨，加入一定糖浆熬煮后得到的馅料。用作面包和其他面食的馅料。

椰蓉：椰肉切丝烘干后得到的粉末，具有色泽白、椰香浓郁的特点，广泛运用于甜点的烘焙中。

咖啡粉：咖啡豆经研磨得到的粉末，不宜直接食用，煮好咖啡后常常过滤掉。如果想直接添加于食品中，建议使用市售速溶咖啡。

10 苏打粉：英文名Soda Powder，弱碱性食物膨松剂，常添加于酸性材料中，使成品膨松柔软。

泡打粉：英文名Baking Powder，是由苏打粉加入其他酸性物质混合成的一种中性快速膨松剂，主要添加于蛋糕或饼干面糊中。

干酵母：干酵母中的酵母菌可以在有氧的状态下，将面团中的葡萄糖转化为二氧化碳，从而使食物膨胀，主要用于面包、馒头等面食的发酵。具有方便储存、易于使用等特点。

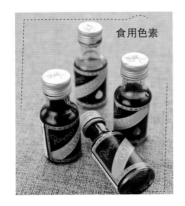

11 食用色素:主要用于调和奶油和糖霜的色泽。是裱花蛋糕、糖霜饼干中常用到的原料。

12 意式干燥香草：由新鲜罗勒、百里香、牛至等天然香草经烘干、粉碎得到的具有天然香气的调味品，常添加于具有咸鲜口味的烘焙产品中。

黑胡椒碎：烘焙中广泛使用的调味品，芳香辛辣。添加于食物中，起到提味去腥的作用。

肉桂粉：肉桂粉是由肉桂树的干皮和枝皮制成的粉末，气味芳香，多用于面包、蛋糕及其他烘焙产品的制作，尤其与苹果特别搭配。

香草豆荚：英文名为Vanilla，盛产于中美及南美洲，为柔软、饱满的褐色条状，主要取内部的香草籽使用。多添加在蛋糕、甜品及冰激凌中，香味独特，令人身心愉悦。应放在阴凉干燥处，密封保存。

13 沙拉酱：市售沙拉酱，主要由蛋黄、植物油、醋调制而成。一般作为蛋糕和面包的表面涂抹酱料。

柠檬汁：烘焙时，可以使用鲜榨柠檬汁或者市售柠檬汁，主要起到去腥解腻、中和酸碱度的作用。注意柠檬汁不要与牛奶直接混合，避免使牛奶结块。

14 吉利丁片：又称明胶片，英文名为Gelatine，由动物骨头中提取的胶质加工而成，主要成分为蛋白质。平时需要密封干燥保存，使用前需要用冰水泡软，再添加到较热的食材中使之融化。

糖粉

蜂蜜　　　　　细砂糖

红糖　　　　　枫糖浆

15 细砂糖：细砂糖的主要成分是蔗糖。外观为松散的结晶颗粒，具有颜色洁白、纯度高等特点，适合制作甜品或点心。

糖粉：英文名为Icing Sugar。为洁白的粉末状糖类，是由砂糖经机器打磨，并添加5%左右的淀粉（防潮）制成。具有颗粒细，易于搅拌和溶化的特点，常用于点心的制作或点心表面的装饰。

红糖：红糖通常是指甘蔗经榨汁，通过简易处理，经浓缩形成的带蜜糖。因没有经过高度精炼，它们几乎保留了蔗汁中的全部成分，除了具备糖的功能外，还含有多种维生素和微量元素。用于点心里，主要起到提味、增色的作用。

蜂蜜：蜂蜜常常被用于烘焙中，主要起到增加甜味、丰富口感、使成品色泽更明亮的作用。

枫糖浆：英文名为Maple Sugar，加拿大的特色食品，是从枫树液中提取的天然糖浆，口感清甜，营养丰富，具有枫树的特殊香味，常常被用于甜品的制作中。

橄榄油

黄油

16 黄油：英文名为Butter，也称牛油或奶油，是由牛奶经提炼得到的油脂。又分为无盐黄油和有盐黄油两种，烘焙中使用的多为无盐黄油。黄油中主要成分为脂肪，其余为水、微量元素等。冷冻或冷藏状态下的黄油为结实的固体，一旦加热就会成为液体。黄油主要用于甜点和西式菜品的制作，平时需密封冷藏保存，如果长时间不用，建议冷冻保存。

橄榄油：橄榄油是用初熟或成熟的油橄榄经过物理冷压榨提取的天然油脂，原产于地中海沿岸，油体透亮，颜色黄绿，气味清香，具有很好的保健功能和美容功效，是非常理想的烹饪用油脂，可用于凉拌或煎炒各种菜肴。

饼干篇

BINGGANPIAN

夹心曲奇饼干

分量 直径4厘米的饼干，约25块

原料

曲奇饼干面糊原料
黄油125克
糖粉40克
香草精1/4茶匙
柠檬汁3滴
低筋面粉95克
玉米淀粉20克

夹心馅原料
奶油奶酪100克
细砂糖20克
香草籽1克（微量）
淡奶油30克

装饰原料
开心果碎少许

做法

1 制作曲奇饼干：提前1小时将黄油从冰箱中取出，放在室温内软化，用电动打蛋器搅打均匀（图1）。然后加入糖粉、香草精、柠檬汁继续搅打（图2），打至黄油略发白、体积略膨胀（图3）。

2 将低筋面粉和玉米淀粉混和后，用筛网筛入黄油中（图4），用橡皮刮刀拌均匀（图5），曲奇饼干的面糊就做好了。

3 在烤盘上铺上一层不粘布（或一次性油纸），裱花袋中放入曲奇花嘴，然后把做好的面糊装入裱花袋中，以转圈的方式挤出曲奇饼干的形状（图6），放入预热好的烤箱中层，以180℃烤12～15分钟，至表面出现淡金黄色即可出炉。

4 制作夹心馅：将室温软化的奶油奶酪搅拌顺滑，然后加入细砂糖和香草籽搅拌均匀，再加入淡奶油搅匀，夹心就做好了（图7）。

5 用裱花袋把馅料挤在一片饼干上，再覆盖上另一片饼干，撒上碾碎的开心果碎即可（图8）。

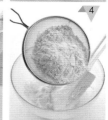

超级啰嗦

*曲奇饼干的面糊相对较硬，裱花袋中每次要少装一点面糊，这样更容易挤出。尽量使用布制裱花袋，它更结实耐用，一次性的塑料裱花袋虽然方便，但容易在挤曲奇时漏出，更适合盛放奶油做裱花蛋糕用。

*烤盘中铺不粘布或一次性油纸都可以，但千万不要铺锡纸，锡纸的导热能力很强，如果用锡纸代替，很容易在烤制过程中糊底。

*饼干夹馅的稀稠度以容易挤出且形状固定为适合，夹馅的稀稠度用鲜奶油的用量来调节。

超级啰嗦

*此配方中的黄油和奶油奶酪都要提前从冰箱中取出，放在室温下软化。软化的程度以手指能够轻松在黄油和奶油奶酪上按出指印为准。

*和好的面团，要放入冰箱冷藏室冷藏1小时，这样取出后更容易擀开。已经切好的面皮，要放在冷冻室保存30分钟，这样做会使面皮变硬，即使移动面皮也不会变形。

*烘烤之前，要将冻硬的面皮恢复到室温，再放入烤箱。

*可以根据自己的喜好将馅料换成其他口味，也可以夹一些葡萄干和其他干果。

抹茶夹心饼干

分量 4厘米×7厘米的饼干，约18块

原料

饼干原料
无盐黄油110克
糖粉60克
蛋黄1个
低筋面粉200克
杏仁片约10克

夹心馅料原料
奶油奶酪80克
黄油40克
细砂糖20克
抹茶粉5克

做法

1 制作饼干：将室温软化的黄油与糖粉混合，用电动打蛋器搅打至颜色发白，体积略膨胀，呈现顺滑的膏状（图1）。

2 将蛋黄打散，分3～4次加入到上一步的黄油中（图2），每打匀一次，再加入下一次蛋黄液，直到完全拌匀。接着筛入低筋面粉（图3），用橡皮刮刀拌至均匀、看不到干粉（图4），然后整形成团，放入保鲜袋中（图5），放入冰箱冷藏1小时。

3 1小时后，将面团取出，在不粘布和面团上都撒上薄薄的一层面粉，将面团擀成0.2厘米厚的片（图6），用刀将面皮切成若干个4厘米×7厘米的长方形（图7），切完后不要移动，直接放入冷冻室冻约30分钟至面皮变硬。这样饼干面皮就可以轻松分开，不会因为移动而变形了（图8）。

4 将饼干面皮和不粘布一起移入烤盘内（图9），并在表面撒上杏仁片（图10），待面皮恢复至常温，放入预热好的烤箱中层，以170～180℃烤约15分钟，至表面产生微金黄色即可出炉。

5 制作馅料：将室温软化的奶油奶酪和软化的黄油搅拌均匀（图11），然后加入糖粉和抹茶粉拌匀（图12、图13），即成馅料。

6 将做好的馅料装入裱花袋内，并在袋口剪一个约0.5厘米的小口，将馅料挤在一片饼干上，并覆盖上另一片饼干即可（图14）。

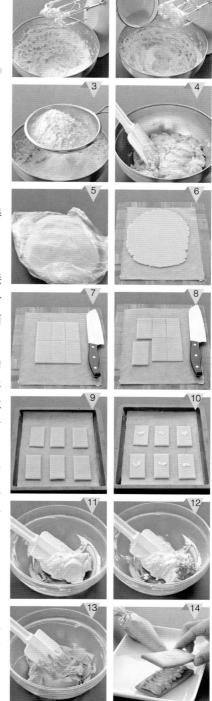

超级啰嗦

*饼干层使用的黄油，要用刚刚从冷藏室取出的硬硬的黄油切丁，不要用软化的黄油。不同季节，加入蛋液的量也有细微差别，请先加入80%，然后根据面团软硬再酌情添加。

*面皮直接在不粘布上擀开，然后放在烤盘内烘烤，这样就避免了移动面皮，减少弄破面皮的概率。

*面皮可以直接放在烤盘内烘烤，也可以用一个慕斯圈刻出与慕斯圈同等大小的面皮，除去四边多余的面皮，直接在慕斯圈内烘烤。

*杏仁片可以提前平铺在烤盘内，以120℃烤出淡淡的金黄色，闻到杏仁香味后再使用。

*杏仁片不必在饼底上铺满，四边留出几厘米，因为在烘烤时，杏仁片会往四边蔓延。为了防止杏仁片会蔓延过度，也可以将烤好的饼底放入慕斯圈内，然后将杏仁片铺在饼底上，这样有慕斯圈的四边禁锢着杏仁片，杏仁片就不会蔓延了。

*烤好时，饼干的表面呈现偏棕红的焦糖色。出炉后彻底晾凉再移动饼干，并翻面放在案板上，切块食用。

焦糖杏仁饼干

分量 5厘米×5厘米的饼干，约12块

原料

饼干层原料

低筋面粉120克
泡打粉1克
糖粉60克
黄油60克
鸡蛋24克
盐1克

杏仁层原料

黄油40克
蜂蜜30克
细砂糖60克
鲜奶油80克
杏仁片100克

做法

1 制作饼干层：将低筋面粉、泡打粉、糖粉混合筛入碗中，加入切成小块的硬黄油丁，用刮板切拌，直到将粉类和黄油切拌均匀（图1）。当黄油丁变小，并被粉类均匀包裹时，加入打散的蛋液和盐（图2），用手将上述材料基本混合成团（图3），然后移至案板上，用手掌推压面团约1分钟（图4），用两手轻轻将面团整形成扁圆形，放入保鲜袋内，入冰箱冷藏30分钟（图5）。

2 将面团从冷藏室中取出，不粘布上撒少许面粉防粘，将面团擀成0.2～0.3厘米厚的面皮（图6），接着将四边切齐，并用叉子在面皮上扎孔（图7），放入烤盘中，以180℃烤约20分钟，至表面呈现淡淡的烘焙色后取出备用。

3 制作杏仁层：将黄油、细砂糖、蜂蜜、鲜奶油放入锅中（图8），中火熬煮至完全沸腾，冒大泡，离火，加入杏仁片并搅拌均匀（图9）。将拌好的杏仁铺在烤好的饼底中央，四周可留出几厘米的空隙不铺（图10），放入预热好的烤箱中层，以170℃烤20分钟左右，至表面泡泡变小，呈现漂亮的焦糖色即可出炉，放凉后翻面，放在案板上切成小块食用。

葡萄干动物饼干

分量 约20块

原料

黄油50克
白砂糖15克
黄砂糖15克
蛋黄10克
低筋面粉100克
葡萄干20克

做法

1 将黄油放在室温软化，加入白砂糖和黄砂糖搅打均匀（图1），然后加入蛋黄搅匀（图2），筛入低筋面粉（图3），加入葡萄干（图4），用橡皮刮刀将上述材料混合均匀（图5）。最后将其混合成团，放入保鲜袋内（图6），入冰箱冷藏30分钟。

2 30分钟后，取出面团，在不粘布上擀成约3毫米厚的面皮，然后用饼干模具刻出动物形状（图7），取下多余的边角，连同不粘布放入烤盘中（图8），放入预热好的烤箱中层，以上下火170℃烤约15分钟，至表面金黄。

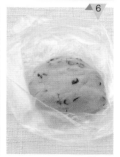

超级啰嗦

＊加入了黄砂糖的面糊，口感更香甜，如果没有黄砂糖的话，可以全部用白砂糖替代。

＊冷藏后的面团更易擀开和成形。

＊剩下的边角可以重新团成团，松弛后再擀开，重复压模的过程。这个饼干非常简单，可以在家带孩子一起操作。

*制作这款饼干最好选择以红葡萄为原料的葡萄干。朗姆酒浸葡萄干时间越长，香味越醇，如果有时间的话，建议浸泡2天左右。

*如果一次性往黄油中加入过多的蛋液，黄油吸收不了就会出现离水现象。建议一点点的加蛋液，搅拌好一部分再加入剩余的部分。

*这种饼干的面糊偏硬一些，可以使用布质裱花袋。如果用一次性的塑料裱花袋，建议一次少装一些面糊，以免裱花袋受力过大而爆裂。

*因面糊中含有大量的黄油，虽然挤的时候是一个小圆球，但是进入烤箱加热后，内部的黄油会马上融化，从而使饼干摊得比较大，所以挤的时候一定要留出足够的空间使饼干摊开，否则会因空间不足而粘在一起。

*糖霜的稀稠度可以用水来调节，如果觉得比较黏稠，不容易涂抹，可以适当再加一点水。

*刷上果酱和糖霜的饼干香甜硬脆，如果喜欢口感清淡些的，可以省略涂抹的步骤。

葡萄干糖霜饼干

原料

酒浸葡萄干原料

葡萄干50克
朗姆酒15毫升

表面涂抹原料

黄桃果酱15克
糖粉50克
朗姆酒15毫升
水约10毫升

饼干面糊原料

黄油75克
细砂糖50克
盐1克
鸡蛋1个
朗姆酒1毫升
低筋面粉90克

做法

1 制作酒浸葡萄干：将葡萄干洗净，装入小碗中，倒入15毫升的朗姆酒（图1），腌渍2～3小时以上。

2 制作饼干面团：将室温软化的黄油放入碗中，用手动打蛋器搅打至顺滑柔软（图2），然后加入细砂糖、盐继续搅拌均匀（图3）。

3 在打散的鸡蛋中加入1毫升朗姆酒搅匀（图4），接着将蛋液少量多次的加入黄油中搅拌（图5），每完全拌匀一次，再加入下一次，直到完全拌匀。

4 拌匀后筛入低筋面粉（图6），用橡皮刮刀将黄油混合物和低筋面粉完全拌匀。

5 裱花袋中装入直径0.5～1厘米的圆形裱花嘴，将拌好的面糊装入裱花袋中（图7），接着在铺有不粘布的烤盘中挤出直径2.5～3厘米的小圆球（图8），把沥干表面水分的酒浸葡萄干摆放在小圆球上（图9），接着放入预热好的烤箱中层，以上下火180℃烤约15分钟，至小饼呈现漂亮的淡金色即可。

6 烤好后将饼干趁热从烤盘中取下，均匀地刷上黄桃果酱（图10），然后在糖粉中倒入朗姆酒搅拌一下，再倒入水搅拌均匀，成为黏稠适中的朗姆酒糖霜（图11），最后将糖霜随意刷在饼干表面即可（图12）。

超级啰嗦

*这是一款非常简单的点心，只要按照配方的准确比例和正确方法，基本都可以成功。其中，打发黄油、搅拌方式、按压方法也都相对简单。有助于烘焙初学者建立信心。

*在很多甜点制作中，一般用到鸡蛋，都是生的鸡蛋，而这款甜点用的则是煮熟后的鸡蛋黄，口味和口感更加酥香。平时煮鸡蛋，水开后8分钟即可，但是做这个饼干的鸡蛋，希望大家能煮到10分钟，这样蛋黄老一点，冷却后比较好碾压成蓉。

*普通的玛格丽特饼干是没有果仁的。如果你家里没有，也可以不放。或者，也可以替换成你喜欢的其他口味的果仁如杏仁、榛子等。

*做法4中提及的面团，不要像揉面那样用力揉搓，把松散的面团放入保鲜袋，隔着袋子轻轻按压成团即可。这款面团很奇妙，越用力越难成形。

*做法5中的面团小球，千万不要在手中使劲揉搓，手的温度会使黄油融化，不容易成形。利用手里的温度轻柔的将其团成团即可，不要时间太久。

果仁玛格丽特

原料

黄油100克
糖粉40克
鸡蛋2个
低筋面粉100克
玉米淀粉100克
花生碎20克
开心果碎10克

做法

1 将黄油从冰箱取出，放在室温内自然软化（不要用微波炉、暖气、热水等任何方式加热），软化至呈牙膏状。

2 在软化的黄油中分3次加入糖粉（图1），用电动打蛋器搅打至黄油颜色变浅，与糖粉充分融合，且黄油比之前稍膨发一点儿（图2）。

3 将鸡蛋煮熟（图3），取鸡蛋黄，放入筛网中，用勺子将蛋黄在筛网中碾碎成细蓉，把蛋黄蓉刮入黄油中，用橡皮刮刀充分拌匀（图4、图5）。

4 将低筋面粉和玉米淀粉混合筛入黄油中（图6），再加入切碎的花生碎、开心果碎，将上述材料拌成松散状（图7），装入保鲜袋中，隔着袋子捏成团（图8），放入冰箱冷藏30分钟。

5 30分钟后将面团取出，稍稍回温3分钟，搓成若干个小球，放在铺有不粘布的烤盘中（图9），用手指在小球中间垂直按下，使四周出现自然的裂痕（图10），放入预热好的烤箱中层，用170℃烤约15分钟。

超级啰嗦

*制作马卡龙使用的杏仁粉，是美国大杏仁经过脱皮处理后磨成的粉末。

*制作马卡龙使用的糖粉最好选择不掺有玉米淀粉的纯糖粉。

*拌好的面糊应该可以顺畅的缓缓流下，如果比较黏稠，流淌得断断续续，可以加入少许蛋清混合（未打发的蛋清）。

*制作马卡龙时要隔绝底火的温度，所以我们在烤盘下垫了一层纸板。如果你有另一个烤盘，也可以在烤箱的下层放一个烤盘。

*马卡龙之所以会出现裙边，是由于马卡龙的表面结皮，烘烤时膨胀的物质从上面出不来，只能从底部出来，所以一定要让马卡龙的表面干燥结皮后才可以开始下一步骤。

*也可以选用其他馅料来搭配马卡龙，再来杯红茶也是不错的选择。

巧克力马卡龙

分量 约25个

原料

马卡龙面糊原料

杏仁粉50克
糖粉105克
可可粉8克
蛋清55克

甘那许内馅原料

黑巧克力90克
鲜奶油33克
黄油8克

装饰原料

可可粉适量

做法

1 制作马卡龙：将杏仁粉、80克糖粉、可可粉混合过筛两遍（图1）。用电动打蛋器将蛋清打至起泡，接着分三次加入25克糖粉，一直打到挂在打蛋器和留在盆中的蛋清都形成直角尖（图2），然后倒入过筛好的粉，用橡皮刮刀翻拌至面糊可以如绸带般缓缓流淌（图3、图4）。

2 在烤盘内铺一个薄纸板，再铺上不粘布。裱花袋中装入直径0.5厘米的圆形花嘴，将拌好的面糊装入裱花袋中，在烤盘上挤入若干个直径约为3.5厘米的面糊，注意要有3厘米左右的间距（图5）。挤好后轻敲烤盘底部，让面糊慢慢摊平一些，然后放在通风处，室温干燥1.5～2个小时，至表面结皮。表面结皮后，放入预热好的烤箱内，以上下火210℃烤约2分钟至马卡龙出现裙边，马上转至130℃再烘烤10分钟左右，晾凉后从烤盘中取出。

3 制作甘那许内馅：将黑巧克力切碎，倒入鲜奶油（图6），隔热水搅拌让两者融化并融合，倒入融化的黄油（图7），充分搅拌均匀，即成甘那许内馅。

4 将甘那许内馅装入0.5厘米花嘴的裱花袋中，挤在马卡龙的背面（图8），接着盖上另外一片未涂抹甘那许内馅的马卡龙，放入冰箱冷藏10分钟，最后在马卡龙表面筛上可可粉即可。

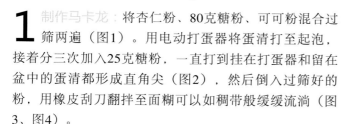

胡萝卜脆饼

分量　约10块

原料

鸡蛋1个　　　　高筋面粉120克
细砂糖45克　　　泡打粉2克
盐1克　　　　　胡萝卜60克
色拉油2毫升　　大杏仁30克
杏仁粉25克

做法

1 将鸡蛋、细砂糖、盐混合均匀后倒入色拉油搅匀（图1、图2），将高筋面粉、杏仁粉、泡打粉混合筛入并搅匀（图3）。

2 待粉类基本拌匀后，放入切碎的胡萝卜（图4），并用橡皮刮刀拌匀，再加入烤香切碎的大杏仁（图5），装入保鲜袋，放在冷藏室静置1小时。

3 1小时后，取出面团，双手沾手粉将面团整形成2厘米厚的长方形，放入烤盘（图6）。提前预热烤箱，把烤盘放入烤箱中层，以180℃烤20～25分钟至表面呈现淡淡的烘焙色。

4 取出后放在室温内静置20分钟，待不烫但还有余温时，用锋利的菜刀将面团切成1.5厘米厚的片（图7），切好后将脆饼块再次放入烤盘中（图8），用160℃将两面各烤10分钟即可出炉。

超级啰嗦

*配方中的杏仁粉，是指大杏仁脱皮后研磨成的粉末，呈乳黄色颗粒状。在大多数烘焙店里都可以买到，如果没有的话，可以用等量高筋面粉代替。

*胡萝卜要先去皮，用擦丝器擦成细丝，然后切成碎末。因为胡萝卜的含水量比较大，所以建议先用厨房纸巾吸去一些水分。

*刚刚搅拌好的面团比较湿黏，冷藏之后会使面团变硬，更易整形。如果着急的话，可以在冷冻室放置片刻。

*这种饼干的英文叫做Biscotti，意思是需要烘烤两次的饼干，虽然其貌不扬，但是非常酥脆好吃，保存时间也比较长。

*这种饼干，在温热的时候最好切，因为比较易碎，所以建议用锋利的菜刀，不建议用齿刀。

榛果芝士雪球

分量 约25个

原料

黄油70克
糖粉20克
蛋黄1个
帕玛森奶酪粉15克
杏仁粉15克
低筋面粉100克
榛子碎30克

做法

1 将室温软化的黄油与糖粉混合，搅打成呈鹅黄色、乳霜状的顺滑黄油（图1），再加入蛋黄搅拌均匀（图2），然后加入帕玛森奶酪粉搅匀（图3）。

2 倒入杏仁粉搅匀（图4），筛入低筋面粉（图5），用橡皮刮刀压拌至看不到干粉，最后加入烤香的榛子碎（图6），拌匀后轻轻整形成团，放入保鲜袋内，再放入冰箱冷藏30分钟（图7）。

3 30分钟后取出面团，将面团搓成每个15克的小球，排入烤盘内（图8），放入烤箱中层，以170℃烤20～25分钟至表面出现淡淡的金黄色，出炉，在表面筛上少许糖粉即可。

超 级 啰 嗦

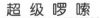

＊黄油、糖粉、蛋黄在一起搅打得越膨松，做出的饼干球就越酥松。

＊将切碎的榛子仁放入120℃烤箱内烤约10分钟，烤至能闻到香味后出炉，再添加在饼干球中，成品会更香。

＊揉饼干球时，力道要轻，越使劲饼干球越容易碎，不易成形。

蛋糕篇

DANGAOPIAN

草莓抹茶蛋糕卷

分量 长约35厘米的蛋糕卷，1个

原料

蛋糕片原料

鸡蛋4个
细砂糖60克
低筋面粉40克
抹茶粉8克
黄油40克

奶酪奶油馅原料

马斯卡朋奶酪150克
鲜奶油150克
细砂糖30克
草莓约6个

做法

1 制作蛋糕片：将蛋黄和蛋清分离，在蛋黄中加入20克细砂糖打至黏稠，颜色略发白（图1）。

2 用电动打蛋器打蛋清，在打的过程中，分3次加入40克细砂糖，直至将蛋清打发至拿起打蛋器，能形成尖角的状态（图2～图5）。

3 捞起一小块打发的蛋清放入之前打好的蛋黄糊中，用橡皮刮刀翻拌均匀（图6）。然后再将其倒入剩余的打发的蛋清中（图7），用橡皮刮刀快速的将蛋黄糊和蛋清翻拌均匀（图8）。

4 将低筋面粉和抹茶粉混合后筛入拌好的蛋糊中（图9），用橡皮刮刀翻拌至看不见结块的干粉为止（图10）。

5 将黄油放入碗中，隔热水融化后，取一小块面糊放入融化的黄油中（图11），用橡皮刮刀拌匀，再将这碗黄油和面糊的混合物倒入剩余的大部分面糊中，并快速翻拌均匀（图12）。

6 将面糊倒入铺有烘焙纸的烤盘中，抹平表面，并轻轻震动一下烤盘，让面糊内多余的空气排出（图13）。

7 放入预热好的烤箱中，以180℃上下火烘烤15分钟即可。烤好后，将蛋糕片连同烘焙纸从烤盘中取出，晾2分钟后，将蛋糕片倒扣在案板上，小心的撕下烘焙纸（图14）。

8 制作奶酪奶油馅：在鲜奶油中加入30克细砂糖，打至黏稠、顺滑，提起后基本不从打蛋器上滴落的程度（图15）。

9 将室温软化的马斯卡朋奶酪搅拌至顺滑（图16），再将打好的鲜奶油倒入马斯卡朋奶酪中，搅拌均匀（图17），即成奶酪奶油馅。

10 制作蛋糕卷：将蛋糕片烘烤时的表层朝下，底部朝上，均匀抹上奶酪奶油馅，蛋糕片的四周可以不用涂或者少涂（图18）。

11 将草莓均匀的码放在蛋糕卷上（图19），将蛋糕片卷起成为蛋糕卷（图20）。

12 用烘焙油纸包裹住蛋糕卷，放入冰箱冷藏30分钟使其定形，30分钟后就可以去除烘焙油纸，切块食用了。

超级啰嗦

*若买不到马斯卡朋奶酪，可以用奶油奶酪替代，味道更浓。

*做蛋糕用的鸡蛋，要选用新鲜的冷藏温度的蛋。在分离蛋黄和蛋清时，要注意蛋清中不要混入蛋黄，且搅拌蛋黄和蛋清用的搅拌盆和打蛋器都要无水无油，否则会影响打发。

*蛋清的打发状态介于湿性与干性之间，不要搅打过度。打好的蛋清要马上使用，否则会变得不顺滑，出现疙疙瘩瘩的离水状态，一旦出现离水状态，用手动打蛋器搅拌几下，即可恢复顺滑状态。

*将粉类与蛋糊混合时，要用刮刀从底部翻起，切忌画圈搅拌。

*在做法5中，如果直接将融化的黄油倒入面糊内，面糊会急剧的消泡，所以我们先将融化的黄油和一小部分面糊拌匀，然后再和大部分面糊拌匀，这样能够很好的防止面糊消泡。

*此分量的面糊，适合约30厘米×40厘米的烤盘，如果你家的烤盘过大或者过小，请适当按比例增减配方的量。

*烘焙纸也叫油纸，最适合垫在烤盘中烘烤蛋糕片。不可用锡纸替代，千万要注意。

*通常来说，蛋糕片烤约15分钟即可。但实际烘烤时间，要根据每家的烤箱温度和烤的分量来稍做调整。当快烤到12分钟时，打开烤箱轻轻触碰一下蛋糕片表面，如果感觉有弹性，有支撑力，就说明已经烤好了。如果摸起来沙沙响，且缺乏弹性，感觉要下塌，说明还未烤好。

*用来制作蛋糕卷的蛋糕片，一定不要烤得火候过大，火大的话，蛋糕片就会失去水分，卷的时候会开裂。卷蛋糕卷时，蛋糕片要有一些余温，比较容易卷成卷。

李子布丁蛋糕

分量 直径6厘米，4～5个

原料

低筋面粉65克
细砂糖40克
盐1克
大号鸡蛋1个
牛奶170毫升
鲜奶油150克
朗姆酒5毫升
鲜李子3～4个
黄油约10克（涂抹模具用）

做法

1 将低筋面粉和盐混合筛入大碗中（图1），并加入细砂糖混合。在面粉盆中挖出凹槽，倒入打散的蛋液，再慢慢加入牛奶（图2），一边加一边搅拌，直到完全混合均匀。

2 倒入鲜奶油搅拌均匀（图3），然后将其整体过滤一遍（图4），达到更顺滑的状态，最后倒入朗姆酒搅拌均匀（图5），面糊就做好了。

3 在模具内部均匀涂抹一层软化的黄油（图6），倒入面糊至模具的八分满（图7），随机放上切成小瓣的李子（图8），放入预热好的烤箱中下层，以200℃烤25～30分钟即可。

超级啰嗦

*做法2要过滤一遍，是为了避免液体内有少许面粉颗粒。

*这款蛋糕兼具布丁和蛋糕的口感，烘烤时会鼓起，放置在常温会塌陷，这是正常现象，不要担心。

*可以选用其他的应季水果代替李子，如桃子、苹果、梨、樱桃等。

*传统的蜂蜜蛋糕需要较长时间、较低温的烘烤，所以通常使用导热性能较差的专用木盒烘烤。如果没有木盒，就用原色的瓦楞纸盒做出一个长方形的模具，四边用订书器订好，然后在里层裹上1～2层锡纸即可。网上烘焙店里可以买到制作蜂蜜蛋糕的木制模具。

*蜂蜜蛋糕中的鸡蛋，要使用常温蛋，隔热水加热到40℃是为了让鸡蛋更易打发。用手触摸一下蛋液，比体温稍高一点，大概就是40℃。

*全蛋液打到六分发时，蛋液从打蛋器上滴落到盆中，能形成纹路并能暂时保持形状。如果纹路不十分明显，形状保持也不持久，一会就摊平在盆中，就再搅打几下。

*区别于以往的蛋糕，蜂蜜蛋糕使用的面粉为高筋面粉，因为我们需要得到筋道的口感。

*蜂蜜蛋糕的表层和底层都要烤得颜色较深，切开后我们会从侧面看到上下都有较厚的一层红棕色的蛋糕皮，如果表面没有烤糊或颜色过深的迹象，就挪至中层。如果感觉表面已经呈现较深的红棕色，可在蛋糕表面覆盖一层锡纸，不过锡纸和蛋糕表面之间最好有些空隙，不然锡纸会和蛋糕表面粘在一起，破坏表皮。

蜂蜜蛋糕

分量 20厘米×15厘米×8厘米，1个

原料

鸡蛋6个
细砂糖130克
蜂蜜55克
牛奶35毫升
高筋面粉150克

做法

1 用较薄的瓦楞纸盒叠一个长宽高20厘米×15厘米×8厘米的长方形模具，用锡纸将内部包好，不留缝隙（图1）。

2 将蜂蜜和牛奶混合均匀备用（图2）。

3 从冰箱取出鸡蛋，恢复室温后打散，与细砂糖一起放入盆中混合，并将盆放入热水中用手动打蛋器不停搅拌（图3），直到蛋液加热至40℃左右后离开热水。

4 用电动打蛋器将蛋液打至起泡，呈淡黄色（图4），一边慢慢倒入之前混合好的蜂蜜牛奶（图5），一边搅打蛋液，搅打2～3分钟。

5 拎起打蛋器，蛋液滴落在盆中后，形成的纹理不变，用滴落的蛋液在盆中写一个"8"字（图6），如字体不变，此时就可以筛入高筋面粉（图7），然后用手动打蛋器搅匀至看不到干粉。

6 此时预热烤箱。将搅匀的面糊倒入模具中，用筷子在面糊中来回画S形（图8），这样做能去除面糊中的大气泡，让面糊更均匀。

7 将模具放入烤箱下层，以180℃先烤10分钟，然后调至160℃继续烤50分钟左右即可出炉，出炉后马上倒扣在保鲜膜上，取下模具（瓦楞纸壳），放凉后撕去锡纸，切块食用，冷藏后食用口感更好。

超级啰嗦

*这个蛋糕卷配方中蛋黄的量比较大，烤出的蛋糕片色泽金黄，蛋香浓郁。

*配方中的蛋清一定不要打得过于膨胀，打至未到湿性发泡，还可以流动的状态即可。

*添加了融化的黄油后，面糊会变得非常柔滑细腻，同时也会有一点点消泡，但这完全没有关系。因为我们追求的是细腻柔软的蛋糕片，而非膨胀得很高很结实的蛋糕片。

*尽量把蛋糕片烤得色泽更金黄一些。如果火太小，时间太短，蛋糕片的表皮比较黏，容易粘在案板上。

*蛋糕片要卷得紧实一些，卷的圈数不要过多。圈数过多不仅操作困难，而且不够美观。

*卷蛋糕片时的起始端和收尾端，我们都要进行适当的修剪。起始段要切齐，收尾端的蛋糕片要修剪得薄一些，正好压在蛋糕片底部，这样比较美观。

肉松海苔蛋糕卷

分量 长约35厘米的蛋糕卷，1个

原料

蛋糕片原料
蛋黄5个
细砂糖70克
蛋清4个
低筋面粉40克
融化黄油40克

馅料原料
蛋黄酱3勺
肉松80克
海苔2片

做法

1 在蛋黄中加入20克的细砂糖，用打蛋器打至黏稠、发白，体积略膨胀（图1）。

2 然后将50克的细砂糖分3次加入蛋清中，打至用打蛋器捞起蛋清时，蛋清能够缓缓的滴落在盆中，盆中形成的纹路清晰不回落（图2）。

3 把打好的蛋黄糊倒入蛋清糊中，用手动打蛋器搅拌均匀（图3），然后筛入低筋面粉（图4），用橡皮刮刀从下往上翻拌均匀。

4 将隔水融化的黄油倒在橡皮刮刀上，快速的和面糊翻拌均匀（图5）。

5 面糊拌好后，倒入铺有不粘布或烘焙纸的烤盘中（图6），放入预热好的200℃烤箱，烤10~12分钟至表面金黄有弹性即可出炉。

6 出炉后稍放凉一会，从烤盘中取出，倒扣过来，撕去不粘布（图7）。

7 待蛋糕片恢复至常温，在蛋糕片背面涂抹上一层蛋黄酱，均匀地撒上肉松和剪碎的海苔（图8）。

8 将蛋糕片卷起，用烘焙纸包住定形，边卷边轻轻挤压蛋糕体，卷好后放入冰箱冷藏20分钟后切块。

超 级 啰 嗦

*戚风蛋糕使用的鸡蛋，最好是新鲜的，刚从冷藏室取出的鸡蛋。

*面粉需要提前过筛一遍，再筛入蛋黄糊中，也就是说，一共过筛两遍。

*蛋清可以放入冷藏室存放，低温的蛋清经过搅打，泡沫更加细腻稳定。

*蛋清中加糖的时间点分别是：第一次，蛋清打成大粗泡时；第二次，蛋清打成细泡时；第三次，蛋清打至还具有流动性，滴落在盆中的蛋清形成小山包时。

*用手动打蛋器和电动打蛋器搅打蛋清都可以。手动比较耗时，电动打蛋器功率较大，相对轻松很多，但注意不要将蛋清打发过度。

*做好的面糊要马上倒入模具中，快速放入烤箱烘烤，不要耽误时间，否则也会造成消泡，影响膨发。

*烘烤的过程中，如果表面已经上色，可以在表面覆盖一张锡纸以防继续烘烤导致颜色过重。

*烤好的蛋糕，取出后要马上倒扣着放置，放置6小时以上，才可以把蛋糕从模具中取出。

奶酪戚风蛋糕

分量 17厘米直径的蛋糕，1个

原料

蛋黄糊原料

蛋黄3个
细砂糖20克
色拉油55毫升
奶油奶酪50克
牛奶50毫升
低筋面粉70克

蛋清霜原料

蛋清145克
细砂糖40克

做法

1 将奶油奶酪放在室温中充分软化，一点点地加入牛奶搅拌至顺滑无颗粒（图1）。

2 制作蛋黄糊：蛋黄中加入20克细砂糖，搅打至黏稠发白，体积略膨胀，捞起后缓缓滴落的状态（图2），然后加入色拉油（图3），边加入边搅拌，直到完全拌匀。

3 将做法1的混合物加入搅匀（图4）。

4 将低筋面粉先过筛，再过筛到上一步的蛋奶糊中（图5），用手动打蛋器搅拌均匀，捞起后顺滑无颗粒，滴落在盆中能产生纹路，并慢慢消失（图6）。

5 制作蛋清霜：蛋清中分3次加入细砂糖，用打蛋器打至捞起后能形成直角略弯的蛋清尖（图7），迅速捞起少许蛋清放入蛋黄糊中（图8），用打蛋器搅匀，然后再捞起少量蛋清放入蛋黄糊中，用橡皮刮刀拌匀，最后将蛋黄糊倒入剩余的蛋清中（图9），用橡皮刮刀快速地翻拌均匀。

6 将面糊倒入干净的模具中（图10），拿起模具，两个大拇指按住中间的"烟囱"，轻震几下，接着放入预热好的烤箱下层，以170℃烤约40分钟即可出炉，出炉后倒扣放置一夜，小心脱模。

超级啰嗦

*在一些烘焙店里，有现成的榛子粉出售，可以选择现成的，也可以自制。自制时不必去除榛子棕色的软皮。榛子粉与糖粉按照1:1的比例混合，即成为榛子糖粉。

*软化的黄油与融化的黑巧克力混合时，如果液体本身温度过高或者室温偏高，则较难将两者打至捞起能形成弯钩、挂在打蛋器上的状态。所以，如果觉得液体过稀，可以放在冷藏室至稍黏稠再搅打。

*做好的面糊比较黏稠，可以将面糊装入裱花袋内，然后挤入模具中，这样操作，面糊更易填满模具的所有缝隙，装好面糊后轻磕几下模具，让面糊完全填满整个模具。

特浓巧克力蛋糕

分量 直径15厘米，1个

原料

黄油150克　　榛子粉75克
巧克力150克　糖粉75克
蛋黄5个　　　低筋面粉50克
蛋清90克　　黄油10克（抹模具用）
细砂糖20克　榛子糖粉2勺（抹模具用）
盐1克

做法

1 制作榛子糖粉：将榛子切碎放入干磨杯中，通电搅打约半分钟，得到榛子粉末，将榛子粉与过筛好的糖粉混合均匀（图1），成为榛子糖粉。

2 在模具内部均匀地刷上软化的黄油（图2），舀入2勺榛子糖粉，让榛子糖粉均匀地粘在模具内部（图3），然后倒扣出多余的榛子糖粉备用。

3 将室温软化的黄油搅打至鹅黄色的乳霜状（图4），然后将黑巧克力隔50℃的热水融化（图5），放至常温后缓缓倒入之前打好的黄油中（图6），边倒入边搅拌，如果太稀就放入冷藏室5～10分钟，直到搅拌至颜色变浅，有纹路产生，捞起后有弯钩留在打蛋器和盆中（图7），接着加入蛋黄（图8），完全搅拌均匀使其充分乳化（图9）。

4 将榛子糖粉和过筛后的低筋面粉混合（图10）。

5 在蛋清中加入盐，并分3次加入细砂糖打发，一直打到用打蛋器捞起后成弯钩状态的扎实的蛋清霜（图11）。

6 将蛋清霜加入之前打好的黄油巧克力糊中（图12），用橡皮刮刀基本翻拌均匀后，再加入刚过筛的榛子面粉（图13），继续用橡皮刮刀完全翻拌均匀至看不到干粉。

7 将拌好的面糊倒入之前准备好的模具中约九分满并抹平表面（图14），放入预热好的烤箱下层，以170℃烤约50分钟后趁热脱模，置于网架上放凉食用。

抹茶栗子蛋糕

分量 18厘米直径，1个

原料

抹茶蛋糕片原料

鸡蛋3个　　　　　低筋面粉40克

细砂糖50克　　　　抹茶粉10克

栗子奶酪奶油慕斯原料

淡味栗子泥150克　　细砂糖25克

水85克　　　　　　吉利丁片2片

马斯卡朋奶酪200克　鲜奶油200克

朗姆酒1小勺

蛋清2个

蛋糕装饰原料

栗子碎少许

开心果碎少许

做法

1 制作抹茶蛋糕片：鸡蛋分离出蛋黄、蛋清，在蛋黄中加入20克细砂糖打至黏稠，体积略膨胀的程度（图1）。蛋清分3次加入30克细砂糖，打至用打蛋器捞起能形成直角略弯的尖（图2）。

2 取少部分打发的蛋清放入蛋黄糊中，用橡皮刮刀翻拌均匀（图3），再一起倒入剩余的打发的蛋清中，翻拌均匀（图4）。

3 将低筋面粉和抹茶粉混合筛入蛋糊中（图5），用橡皮刮刀翻拌均匀至完全看不到干粉（图6）。

4 将直径1厘米左右的圆形裱花嘴装入裱花袋中，装入面糊，在不粘布上挤出两个螺旋状的蛋糕圆片（图7），蛋糕片直径要比模具稍大。

5 放入预热好的烤箱中，以180℃烤约10分钟，烤好后放在室温自然冷却。将其中的一片按照模具的大小裁剪出来，并铺在模具底部，备用（图8）。另一片修剪成比模具稍小的圆片。

6 制作栗子奶酪奶油慕斯：将栗子泥加60克水搅拌均匀，用小火煮至稍黏稠，放凉备用（图9）。

7 将室温软化的马斯卡朋奶酪搅拌至顺滑（图10），然后加入煮好的栗子泥拌匀（图11），加入朗姆酒拌匀备用（图12）。

8 将蛋清打至湿性发泡（图13）。将25克细砂糖和25克清水放入锅中煮沸成为糖浆（图14），然后将糖浆缓缓倒入打发的蛋清中（图15），继续用打蛋器混合蛋清和糖浆，搅拌至湿性发泡的状态（图16）。

9 将打好的蛋清霜加入之前拌好的栗子奶酪糊中，用橡皮刮刀拌匀（图17），然后将用冰水泡软，并隔热水融化后的吉利丁溶液加入拌匀（图18），最后加入打发的鲜奶油拌匀（图19）。

10 制作蛋糕：将做好的栗子奶酪奶油慕斯倒入事先准备好的模具中，只倒入一半的量（图20），然后放入较小的一片蛋糕片（图21），接着在模具中继续倒满慕斯糊，并抹平表面（图22），放入冷藏室冷藏一夜后小心脱模，按照自己的喜好装饰上栗子碎、开心果碎等即可。

超级啰嗦

＊一共需烤出两片抹茶蛋糕片，其中一片的直径要比模具的直径稍大，这样才能裁剪出与模具匹配的蛋糕片。另一片蛋糕片，则可以较小一些，因为四周需要被慕斯糊覆盖。

＊栗子泥可以用罐装的，也可以自己买来熟栗子磨成蓉。自己磨的栗子蓉更干一些，需要多放一些水来熬煮，熬煮至较黏稠，打蛋器划过能产生纹路即可。

＊马斯卡朋奶酪是制作提拉米苏的专用奶酪，如果没有也可以用奶油奶酪代替。

＊向打发的蛋清中加入煮沸的糖浆，主要目的是为了杀菌。

＊这款蛋糕要冷藏至少6小时后才能脱模，脱模之前可用吹风机吹吹模具四周，让边上的慕斯变得稍软，这样更易脱模。

香蕉核桃马芬

分量 4~6个

原料

鸡蛋60克
细砂糖40克
色拉油40毫升
香蕉120克
柠檬汁5毫升
低筋面粉150克
泡打粉3克
苏打粉1克
核桃40克

做法

1 将鸡蛋和细砂糖混合并搅拌均匀，加入色拉油搅匀（图1）。把香蕉碾成泥，并加入柠檬汁（图2），把香蕉泥加入蛋液中拌匀（图3）。

2 将低筋面粉、泡打粉、苏打粉混合过筛入蛋液香蕉糊中搅拌均匀（图4）。

3 然后加入切碎的核桃，用橡皮刮刀拌匀（图5）。

4 把面糊舀入纸模中至七八分满，并在上面摆放几块核桃碎（图6），放入预热好的烤箱中下层，以180℃，上下火烤约15分钟即可。

超级啰嗦

＊最好选择没有特殊气味的植物油添加到马芬中，可以用玉米油、葵花子油、色拉油等。像花生油这样味道较重的油，尽量不要使用。

＊柠檬汁可以防止香蕉与氧气接触变黑，也能去除鸡蛋的蛋腥味，如果没有，滴几滴白醋也可以，但不要太多。

＊马芬的面糊不用使劲搅拌，搅匀就可以了。装杯时不要装得过满，因为烘烤过程中面糊会膨胀，八分满烤出的蛋糕会比较好看。

超级啰嗦

*乳酪蛋糕和巧克力布朗尼蛋糕，分别吃已经都很美味了，但将它们放在一起，做成一个蛋糕，那双重的味觉享受真的是太迷人了。

*各种口味的巧克力都可以用来做这款蛋糕。如黑巧克力、牛奶巧克力、果仁巧克力等，如果选用黑巧克力，可以适当增加砂糖的用量。

*配方中的糖浆可以用枫糖浆或黄金糖浆，如果没有的话，也可以省略不用。

*因为要用水浴的方法烤制蛋糕，所以模具的底部一定要用锡纸包裹严实，以防进水。

*如果在烘烤的过程中，烤盘内的水已蒸发掉，可以打开烤箱门，添加一些热水。

*配方中的巧克力和奶酪在高温时都处于不稳定状态，所以一定要等到放至常温以后再脱模食用。

乳酪布朗尼蛋糕

分量 边长14厘米正方形蛋糕，1个

原料

布朗尼原料
巧克力130克
黄油65克
细砂糖30克
枫糖浆5克
鸡蛋2个

低筋面粉80克
可可粉10克
泡打粉2克
盐1克

乳酪层原料
奶油奶酪100克
黄油25克
细砂糖25克
鸡蛋1个
低筋面粉25克

做法

1 制作布朗尼面糊：将巧克力切成小块，放入盆中。准备一个更大的容器，倒入开水，把装有巧克力的盆放入开水盆中，隔热水融化，然后加入软化的黄油（图1），搅拌至黄油融化，与巧克力混合均匀。

2 加入细砂糖和枫糖浆拌匀，再逐个加入鸡蛋拌匀（图2）。把低筋面粉、可可粉、泡打粉和盐混合后筛入（图3）。

3 将上述所有材料一起搅匀，搅匀后的状态应该是顺滑有光泽，滴落在盆中如蝴蝶结般重叠，然后慢慢恢复平摊状态（图4）。

4 制作乳酪层：将软化的奶油奶酪和软化的黄油混合均匀，加入细砂糖搅匀（图5），再加入鸡蛋搅匀（图6），最后筛入低筋面粉翻拌均匀（图7），即成乳酪面糊。

5 制作乳酪布朗尼蛋糕：将活底模具或慕斯圈的底部包好锡纸，放在烤盘中，倒入布朗尼面糊（图8），接着随意舀乳酪面糊（图9），用牙签在两种面糊之间随意的划若干下，直到划出满意的纹理（图10），最后放入预热好的烤箱中下层。

6 在烤盘内注入1厘米高的热水，以这种水浴的方式，用160℃烤约50分钟，出炉彻底放凉后再脱模。

超 级 啰 嗦

*果干浸泡的时间越长越入味，如果时间充裕的话，可以放在冷藏室浸泡一夜。

*分次加入砂糖，可以让砂糖和黄油拌合得更均匀。分次加入蛋液，是为了防止过多的蛋液和黄油混合后造成水油分离现象。

*接受不了太甜口味的朋友，可以考虑适当减少配方中的糖量。

*蛋糕上切口的长度，要根据蛋糕的长度来定，通常两端各留2厘米不划口。

*若你的烤箱上火比较猛，表面上色完毕后如果还需要烘烤几分钟，可以在蛋糕表面覆盖一层锡纸，防止上色过深。

*蛋糕的表面也可以涂抹一些果酱增加亮度。当然，什么都不涂抹也足够香甜，配一杯红茶享用是不错的选择。

水果奶油蛋糕

分量 18厘米×9厘米×7厘米的蛋糕，1个

原料

黄油125克
细砂糖125克
鸡蛋125克
低筋面粉125克
柠檬皮屑1克左右
香草精3滴
葡萄干20克
蔓越莓干20克
朗姆酒40毫升

黄油（涂抹模具用）
镜面果胶少许
开心果碎少许

做法

1 将葡萄干和蔓越莓干放入碗中，倒入朗姆酒（图1）。腌渍4小时以上。

2 黄油放在室温内软化至柔软的膏状，用打蛋器搅拌成乳霜状（图2），然后分5～6次加入细砂糖，每打匀一次，再加下一次。将鸡蛋打散，分多次加入到黄油中（图3），同样是每完全打匀一次，再加下一次，直到完全混合均匀。

3 加入柠檬皮屑和香草精搅匀（图4），筛入低筋面粉（图5），用橡皮刮刀拌匀，然后将葡萄干和蔓越莓干过滤去多余水分，加入面糊中（图6）。

4 在模具内部均匀地涂抹一层软化的黄油（图7），然后倒入面糊并抹平表面（图8），放入预热好的烤箱中下层，以160℃上下火烤20～25分钟。20分钟后，蛋糕表面呈淡淡的烘焙色并形成一层硬膜，取出，迅速在蛋糕中间划出约15厘米长、1厘米深的刀口（图9），然后放入烤箱继续烘烤约35分钟，至裂口增大鼓起，表面呈较深的烘焙色时取出。

5 轻震模具，将蛋糕扣出置于案板上，在表面均匀地刷上镜面果胶（图10），撒上开心果碎即可。

超级啰嗦

*焦糖酱也叫太妃酱，用途十分广泛，可以做蛋糕、饼干，配冰激凌等。如果想多做一些，可以按比例增加各材料的用量。

*冷藏面糊是为了让面糊松弛，使泡打粉能充分发挥它的作用。

*冷藏好的面糊需要恢复室温后再倒入模具内。

*模具内最好先涂抹一层薄薄的黄油，然后撒一层薄薄的低筋面粉，倒扣出多余的粉后再倒入面糊。如果面糊不容易倒入，可以将面糊装入裱花袋挤入模具内。

*由于面糊在烘烤的过程中会膨胀，所以装入模具八分满即可。

焦糖玛德琳蛋糕

分量 | 约14个

原料

蛋糕原料
鸡蛋2个
细砂糖50克
蜂蜜5克
低筋面粉110克
泡打粉3克
盐1克
黄油100克

焦糖酱原料
细砂糖50克
清水10毫升
热开水15毫克
鲜奶油50克

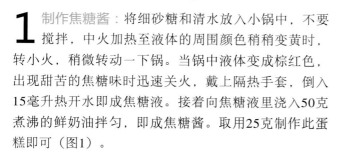

做法

1 制作焦糖酱：将细砂糖和清水放入小锅中，不要搅拌，中火加热至液体的周围颜色稍稍变黄时，转小火，稍微转动一下锅。当锅中液体变成棕红色，出现甜苦的焦糖味时迅速关火，戴上隔热手套，倒入15毫升热开水即成焦糖液。接着向焦糖液里浇入50克煮沸的鲜奶油拌匀，即成焦糖酱。取用25克制作此蛋糕即可（图1）。

2 制作蛋糕：将鸡蛋与细砂糖混合均匀，并加入蜂蜜拌匀（图2），接着加入焦糖酱拌匀（图3），将低筋面粉、泡打粉、盐混合筛入（图4），搅拌成顺滑的状态（图5）。

3 然后倒入融化的黄油搅拌均匀（图6），搅至面糊捞起来能够顺畅的滴入碗中，在碗中形成纹路后能够快速消失（图7），即成焦糖玛德琳面糊，放入冰箱冷藏30分钟。

4 把冷藏好的面糊从冰箱取出，放在室内，使其恢复室温，倒入涂油撒粉的模具中至八分满（图8），放入预热好的烤箱中层，以200℃烤12分钟左右。

樱桃费南雪

分量 约7个

原料

黄油90克
低筋面粉70克
杏仁粉50克
糖粉90克
蛋清90克
柠檬汁3滴
樱桃7个

做法

1 将黄油放入小锅中，小火融化并煮至棕黄色后关火，倒出备用（图1），将低筋面粉、杏仁粉、糖粉混合过筛到大碗中备用（图2）。

2 用手动打蛋器将蛋清打出不规则的泡（图3），倒入过筛好的粉中搅拌均匀（图4），接着加入煮好的棕黄色黄油液体拌匀（图5），最后加入柠檬汁搅拌均匀（图6）。

3 做好的面糊捞起后，能呈蝴蝶结般滴落在盆中并缓缓摊平（图7），将面糊舀入费南雪模具中约八分满，并摆放上樱桃（图8），放入预热好的烤箱中层，以170℃上下火烤15～20分钟。

超级啰嗦

*以小火加热黄油五六分钟后，黄油就会变成棕黄色。如果加热后出现少量沉淀物，过滤掉即可。

*用孔洞比较大的筛网过滤原料中的三种粉类比较好，因为杏仁粉的颗粒比较大。

*蛋清不需打发，搅打至呈白色，有数个不均匀的泡泡即可。

*模具内部涂一层薄薄的黄油，然后再舀入面糊，这样会让烤好的费南雪更易脱模。

超级啰嗦

*因蒸熟的紫薯里面有一些紫薯纤维，所以蒸熟以后需要将薯泥进行过筛，从而得到更细致的紫薯泥。

*紫薯奶酪馅的稀稠度用鲜奶油来调节，以能轻松涂抹在蛋糕片上，并具有可塑性，能很好地卷成卷为准。

*用裱花袋挤这种斜着的蛋糕面糊时，要先挤对角线，确定了这条主线，然后再往对角线两边填充面糊。

*涂抹在蛋糕片上的馅料要平整，四周要涂得略薄。

*冷藏更有益于蛋糕卷定形，定形后要对蛋糕卷的底边进行修剪，让蛋糕卷的底边正好压在蛋糕卷底部，不要超过蛋糕卷底部的中央。

紫薯蛋糕卷

分量 长约30厘米的蛋糕卷，1个

原料

蛋糕卷面糊原料

鸡蛋4个
细砂糖60克
低筋面粉80克

紫薯奶酪馅原料

奶油奶酪150克
细砂糖20克
紫薯泥100克
鲜奶油50克

做法

1 制作紫薯奶酪馅：将奶油奶酪室温软化，加入细砂糖搅匀至顺滑（图1），再加入紫薯泥搅拌均匀（图2），最后加入鲜奶油搅匀（图3），即成紫薯奶酪馅。

2 制作蛋糕卷面糊：将鸡蛋的蛋黄和蛋清分离。蛋黄中加入20克细砂糖打至黏稠，体积略膨胀（图4），蛋清中分3次加入40克细砂糖，打至用打蛋器捞起能形成直角略弯的尖（图5），然后取少部分蛋清糊放入蛋黄糊中（图6），用橡皮刮刀翻拌均匀后倒入剩余的大部分蛋清糊中，整体翻拌均匀，筛入低筋面粉（图7），用橡皮刮刀翻拌至均匀且看不到干粉为止（图8）。

3 将直径0.5毫米的圆形裱花嘴装入裱花袋内，然后将面糊装入裱花袋内，在铺有不粘布的烤盘中斜着挤出若干个竖条，整体约为30厘米×40厘米（图9），放入预热好的烤箱中层，以180℃烤10～15分钟至表面呈现淡淡的烘焙色即可。

4 烘烤完毕后，将蛋糕片从不粘布上取下，并将蛋糕片的起始两端切齐，稍放凉（图10）。

5 趁蛋糕卷还稍有温度的时候，将蛋糕片翻面，抹上紫薯奶酪馅，四边可以少抹一些（图11），将蛋糕片卷起（图12），放入冰箱冷藏室15分钟使其定形，取出后就可以切块食用了。

草莓夏洛特

分量 18厘米直径的蛋糕，1个

原料

蛋糕片及围边原料

鸡蛋4个　　　　低筋面粉120克
细砂糖60克　　　糖粉20克

卡士达鲜奶油馅原料

蛋黄3个
细砂糖50克
低筋面粉25克
牛奶250毫升
香草精3滴
吉利丁片2片
鲜奶油300克

装饰原料

草莓300克　　　糖粉适量
蓝莓5颗　　　　丝带1条
罗勒叶几片

做法

1 制作蛋糕片及围边：将鸡蛋的蛋黄和蛋清分离。蛋黄加入25克细砂糖搅打至颜色略发白，蛋液黏稠（图1）。

2 蛋清中分三次加入35克细砂糖，打至用打蛋器捞起蛋清，打蛋器上挂的蛋清和留在盆中的蛋清都会形成一个直角尖（图2）。

3 捞起一小部分打好的蛋清糊放入蛋黄糊中（图3），用橡皮刮刀翻拌均匀后倒入剩余的大部分蛋清糊中（图4），用橡皮刮刀快速且均匀的将蛋黄糊和蛋清糊完全混合均匀。

4 分两次筛入低筋面粉（图5），用橡皮刮刀翻拌，每拌匀一次，再筛入下一次，直到完全拌匀看不到干粉为止，这样蛋糕片及蛋糕围边的面糊就做好了（图6）。

5 将裱花袋中装入直径7毫米左右的圆形花嘴，然后依据慕斯圈的高度，在铺有烘焙纸的烤盘上挨个挤出约6厘米高的若干个竖条作为蛋糕围边，在上面均匀地筛上糖粉（图7）。

6 将剩余的面糊在烘焙纸上挤出两个螺旋状的圆形作为蛋糕垫片（图8），直径要比慕斯圈的直径稍大。将竖条和圆片一起放

入预热好的烤箱中层，以180℃烤约10分钟即可。

7 将慕斯圈的底部用3层油纸紧紧包住并粘好，然后将烤好的蛋糕围边的底部修剪整齐，铺在慕斯圈的内侧（图9），如果是两片，接缝处一定要衔接紧密。根据慕斯圈的尺寸，将烤好的蛋糕垫片进行修剪（图10），接着将蛋糕垫片紧密地铺在慕斯圈内（图11）。

8 制作卡士达鲜奶油馅：蛋黄加入细砂糖打至黏稠，颜色略发白（图12），筛入低筋面粉并搅拌均匀（图13）。

9 将牛奶和香草精混合煮至60℃（图14），将牛奶缓缓倒入之前拌好的面糊中（图15），一边倒入一边搅拌均匀，混合好后过筛倒入锅中，以中小火加热，用手动打蛋器不停搅拌面糊，直到出现黏稠，但还可以流动的状态（图16），即成卡士达酱，盛出备用。

10 将吉利丁片用冷水泡软（图17），沥干水分后，放入容器中，隔热水将其融化，然后倒入刚刚做好的卡士达酱里搅匀（图18）。

11 把鲜奶油打至黏稠，但还可以流动的状态后（图19），将鲜奶油分两次混入到卡士达酱中（图20），即成卡士达鲜奶油馅。

12 将卡士达鲜奶油馅倒入已经铺好蛋糕片的模具内至1/2处，然后铺上草莓片（图21），再盖上一层蛋糕片（图22），接着倒入剩余的卡士达鲜奶油馅至九分满（图23），放入冰箱冷藏6小时以上，取出装饰就可以了。

超级啰嗦

*混合粉类和蛋糊时，要用刮刀从底部翻起，一边翻拌一边转动搅拌盆，将蛋和粉完全混合均匀。不要只顾上面，忽略了底部的均匀。

*拌好的面糊要马上装入裱花袋中，并在烤盘上挤出形状。挤好后尽快送入预热好的烤箱中烘烤，以免室温放置过久产生消泡现象。如果烤盘不够大，一次性不能全放入，就先挤围边，剩下的面糊冷藏保存，围边烤完以后，再挤螺旋状的垫片再次烘烤。

*在围边上筛上糖粉，烤出的围边会产生漂亮的纹理感。

*无论是蛋糕围边还是蛋糕垫片，都要与其他地方衔接紧密，不然倒入的馅料会流出来。

*制作卡士达酱时要注意掌握火候，酱料越黏稠，火就应该调得更小，以防糊底。

*这款卡士达鲜奶油馅，同样适合作为泡芙和塔派的馅料。

*此分量适合七八寸的慕斯圈使用。

巧克力玛德琳

分量 8～10个

原料

鸡蛋2个
细砂糖30克
低筋面粉50克
可可粉8克
黄油60克
黑巧克力90克
耐烤巧克力豆10克
融化黄油10克（刷模具用）

做法

1 将鸡蛋打散（图1），加入细砂糖搅拌均匀，再混合筛入低筋面粉和可可粉（图2），用手动打蛋器搅匀，搅拌好的面糊能如绸带般缓缓地落下（图3）。

2 将黑巧克力切碎，与黄油一同放入小锅中，隔热水加热，不停搅拌至两者融化并混合均匀（图4），将巧克力黄油溶液倒入之前拌好的面糊中搅拌（图5），搅拌好的面糊顺滑有光泽，滴落后在碗中能够形成蝴蝶结般的纹路（图6）。

3 在玛德琳模具中薄薄地刷上融化的黄油（图7），将搅拌好的面糊装入裱花袋中，挤入模具中至八分满（图8），撒上巧克力豆，放入预热好的烤箱中，以180℃上下火烤12～15分钟即可出炉。

超级啰嗦

＊鸡蛋和细砂糖只要搅拌均匀即可，不需用电动打蛋器打发。

＊通常像黄油、巧克力这样的原料，我们都不会放在火上直接加热，因为温度过高会对原料质量产生影响。通常会选择把装有这类原料的容器放在热水中，利用水的温度将其融化。

＊面糊中含有黄油和巧克力，这两种材料在较低的温度下，都会使面糊变稠、变硬。这时再隔热水加热搅拌几下，即可恢复至顺滑。

＊如果没有巧克力豆，可以省去不放。放的话，也要选用烘焙专用的巧克力豆哦，普通的会烤化，烤好后，看不到，也嚼不到哦。

咖啡千层蛋糕

分量 约6小块

原料

咖啡蛋糕片原料
鸡蛋4个
细砂糖60克
色拉油35克
浓咖啡液70毫升
低筋面粉90克
玉米淀粉30克

卡士达鲜奶油馅原料
蛋黄2个
细砂糖40克
低筋面粉10克
玉米淀粉10克
牛奶200毫升
香草精几滴
黄油140克

表面原料
可可粉20克

做法

1 制作咖啡蛋糕片：鸡蛋分离出蛋清和蛋黄。蛋黄中加入30克细砂糖，搅打至黏稠，略发白（图1），接着加入色拉油（图2），边倒入边搅拌均匀，再倒入浓咖啡液（图3），搅拌均匀。

2 将低筋面粉和玉米淀粉混合筛入（图4），并搅拌均匀，搅拌好的面糊顺滑并有光泽，用打蛋器捞起后，滴落在盆中的面糊形成小山，并慢慢消失（图5），成蛋黄糊。

3 在蛋清中分3次加入30克细砂糖，打至捞起蛋清后，留在打蛋器上的蛋清能形成弯钩（图6），捞起一小部分打好的蛋清糊放入之前打好的蛋黄糊中搅拌均匀（图7）。

4 将拌好的蛋黄糊倒入剩余的大部分蛋清糊中，用橡皮刮刀从下向上翻拌均匀（图8），即成咖啡蛋糕片面糊。

5 将面糊倒在不粘布上，用刮板刮开呈约0.3厘米厚的片（图9），放入预热好的烤箱中层，以170℃烤8分钟左右至表面呈烘焙色，摸起来有弹性，无沙沙声即可出炉。出炉后稍放凉，撕去不粘布。

6 制作卡士达鲜奶油馅：在蛋黄中加入20克细砂糖，搅打至黏稠发白。将低筋面粉和玉米淀粉混合后筛入（图10），并搅拌均匀。

7 牛奶入锅，加入20克细砂糖、几滴香草精（图11），煮到热却不烫手的程度，取一半牛奶倒入蛋黄糊中（图12），边倒

入边搅拌均匀，再一起倒入牛奶锅中搅拌均匀（图13），开小火，不停搅拌液体，直到变成黏稠的蛋奶糊后关火（图14），覆盖保鲜膜，放入冷藏室使其变凉。

8 在冷却的蛋奶糊中分3～4次加入软化的黄油（图15），用打蛋器不停搅打，一直搅打至颜色变浅，体积膨松，挂在打蛋器上能形成直尖（图16），即成卡士达鲜奶油馅。

9 制作网格筛：取一块如纸板硬度的白纸，剪成比小蛋糕块稍大的长方形，从左上角开始用笔间隔3毫米画两条向左倾斜的线条，然后间隔1厘米再画两条间隔3毫米的线条，这样如此反复。

10 画完之后再用相同的方法，从右上角开始，画出若干个向右倾斜的线条。画完后，纸上会出现若干个相互交织的菱形格。把菱形格部分全部抠掉（图17），四边的不完全菱形格也要全部剪掉。

11 成形：将放凉的蛋糕片四边切齐，分为两份，然后将卡士达鲜奶油馅装入裱花袋中，用可以挤出长条的"花篮"花嘴在蛋糕片上均匀地挤出若干个长条（图18）。用刮板将卡士达鲜奶油馅抹平（图19），另一片蛋糕片也如此操作。

12 将每块蛋糕片分成4小块，一共8小块，将这8小块叠在一起，再在上面盖一片不带卡士达鲜奶油馅的纯蛋糕片。将叠好的蛋糕放入冰箱冷藏1小时。1小时后切齐四边，切成块状（图20），在蛋糕表面放上网格筛，均匀地筛上可可粉后，取下网格筛，图案就留在蛋糕上了。

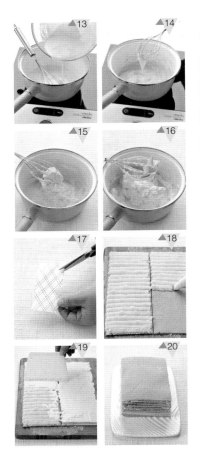

超级啰嗦

*浓咖啡液是用一袋大概15克的咖啡，加50毫升左右的水调制而成。

*咖啡蛋糕片成品要做得薄一些，所以要将面糊涂抹得薄些。如果烤盘比较小，要多涂抹几盘，如果家里只有一个烤盘，那建议准备2～3块不粘布，事先在不粘布上涂抹好，烤好一盘以后，马上将另一块不粘布上的面糊挪到烤盘中继续烘烤，这样节省时间，也防止面糊消泡。

*在做好的蛋奶糊上直接覆盖保鲜膜，可以防止它变凉后结皮。与黄油混合时，蛋奶糊要降至常温。且黄油要在室温软化后，再分次加入。

*不管是多大的蛋糕片，分割成几块，即使每个人蛋糕片的尺寸不尽相同，但是操作方法都是一样的。

*如果没有"花篮"花嘴，可以直接在蛋糕片上涂抹卡士达鲜奶油馅。

*配方中成形的蛋糕是由8层涂抹了卡士达鲜奶油馅的蛋糕片，一层无奶油的蛋糕片组合而成，蛋糕层加上奶油层一共是17层。你可以根据自己的实际情况和需要调整层数。

*在表面筛完可可粉后，要轻柔果断的抬起纸片，迅速移走。不要在蛋糕片上移动，这样容易造成表面花纹不清晰。

芝士·慕斯篇

ZHISHI · MUSIPIAN

超级啰嗦

*奶油奶酪和鲜奶油，在大型超市的奶制品冷藏柜里有售，不可以用其他片状奶酪替代。

*吉利丁片，是使慕斯凝固的必不可少的原料，在烘焙专卖店都可以买到。

*配方中用的吉利丁片为5克一片，市面上还有其他规格的，购买时请注意一下。吉利丁片需要先用冷水泡软以后，再加入到热的牛奶中溶化。

*做三种颜色的吉慕斯稍微麻烦一点，如果想方便，只做一种，时间就缩短多啦，但是也没这么好看哦。

*这三种慕斯的糊需要全部装到裱花袋中，再挤入瓶中。如果直接倒的话，容易弄得瓶里瓶外到处都是。挤的时候袋口要放得矮一些，不要拿得太高，这样挤出的慕斯糊会更平整。慕斯糊越稀，袋口就要剪得越小，以免流量过大难以控制。

*一层慕斯凝固以后，才可以再放入另一层。放入冷藏室或冷冻室均可，冷冻室需要的时间更短。

*要选用成熟的芒果来做芒果慕斯，味道会更好，芒果内含有一些纤维，过筛后可以使其更细滑。

*由于芒果和白巧克力本身的甜味已经足够，所以这两种慕斯没有另外添加砂糖。

原料

抹茶慕斯原料

奶油奶酪50克　　吉利丁半片
细砂糖15克　　　牛奶30毫升
抹茶粉8克　　　　鲜奶油30克

芒果慕斯原料

小芒果3～4个　　牛奶20毫升
柠檬汁3滴　　　　朗姆酒1毫升
吉利丁半片　　　　鲜奶油30克

白巧克力慕斯原料

白巧克力20克
吉利丁半片
牛奶30毫升
鲜奶油50克

装饰原料

白巧克力碎少量
糖粉少量

做法

1 制作抹茶慕斯：将奶油奶酪放在室温软化后，加入细砂糖搅拌均匀（图1），再加入抹茶粉拌匀（图2）。

2 牛奶加热，加入用冷水浸泡软的吉利丁片拌匀（图3），倒入抹茶奶酪糊中搅匀（图4），再加入鲜奶油搅匀（图5），即成抹茶慕斯。

3 将抹茶慕斯装入裱花袋中，裱花袋剪一个小口，把抹茶慕斯挤入瓶中约1/3处（图6），轻震几下使其平整并去除气泡，放冰箱冷藏室或冷冻室至凝固。

4 制作芒果慕斯：芒果去皮取果肉，过筛磨成细腻的芒果泥，取50克，加入柠檬汁拌匀（图7）。

5 牛奶加热，加入用冷水浸泡软的吉利丁片拌匀，倒入芒果泥中搅匀（图8），然后加入朗姆酒搅匀（图9），再加鲜奶油搅匀（图10），即成芒果慕斯。

6 将芒果慕斯挤到凝固的抹茶慕斯上（图11），继续放冰箱冷藏或冷冻至凝固。

7 制作白巧克力慕斯：将白巧克力切碎，放入碗中，隔热水融化（图12）。牛奶加热，加入用冷水浸泡软的吉利丁片拌匀，倒入白巧克力中搅匀，再加入鲜奶油搅匀（图13），即成白巧克力慕斯。

8 将白巧克力慕斯挤到芒果慕斯上（图14），继续放入冷藏室或冷冻室至凝固，整体凝固后，装饰上白巧克力碎和糖粉即可食用。

*熬焦糖时一定不要搅拌锅中液体，否则难以熬出焦糖液。

*往煮好的焦糖内倒入的水，一定要是热开水。温度低的水，会让焦糖凝固。倒入时产生的蒸汽非常烫，请务必带上手套，一定要格外注意这一点。

*蛋奶液中放入红薯泥后，就不要再过筛了，否则会把果泥筛出去。

*烘烤焦糖布丁的时间仅为参考，要看焦糖布丁实际的烘烤状态，晃动一下杯子，如果感觉布丁还"颤抖"得比较厉害，甚至还流淌，说明还要继续烘烤；如果晃动时还有微微的"颤抖"，但是整体已凝固，说明烤的恰到好处；如果基本都不"颤抖"了，说明烤老了。

红薯焦糖布丁

原料

焦糖液原料

细砂糖80克
冷水15毫升
热开水15毫升

布丁液原料

牛奶250克
细砂糖30克
鸡蛋2个
红薯泥150克
朗姆酒1毫升
香草豆荚1/8根

做法

1 制作焦糖液：将细砂糖和15毫升冷水放入小锅中，不要搅拌，开中火，待液体的周围颜色稍稍变黄时，转小火，稍微转动一下锅。当锅中液体变成棕红色，出现甜苦的焦糖味时迅速关火，戴上隔热手套，倒入15毫升热开水（图1），即成焦糖液，然后趁热把焦糖液倒入模具底部使其自然铺平，凝固备用（图2）。

2 制作布丁液：将鸡蛋和细砂糖混合搅拌均匀（图3），将香草豆荚剥开取香草籽，与牛奶一起放入锅中煮至80～90℃（图4），降温至50～60℃，倒入蛋液中（图5），一边倒入一边搅，搅匀后将其过滤一遍，得到更细滑的蛋奶液（图6），再加入朗姆酒搅匀。

3 把蒸熟去皮的红薯过筛，成为细腻的红薯泥（图7），然后加入到蛋奶液中搅拌均匀（图8），即成红薯布丁液。

4 将红薯布丁液舀入已经凝固的焦糖上（图9），把布丁杯放入烤盘内，在烤盘内注入2厘米高的热水（图10），放入预热好的的烤箱内，以150℃烤30～40分钟即可。

咖啡巧克力慕斯

分量　直径6厘米的慕斯，3～4个

原料

可可蛋糕片原料
鸡蛋2个
细砂糖40克
低筋面粉40克
可可粉5克

巧克力慕斯原料
蛋黄1个
吉利丁片1片
鲜奶油115克
巧克力40克

咖啡慕斯原料
蛋黄1个
细砂糖20克
咖啡粉10克
热水30克
咖啡酒1毫升
吉利丁片1片
鲜奶油115克

可可蛋糕片的做法

1 鸡蛋分离出蛋黄和蛋清。先将蛋黄加15克细砂糖打至黏稠发白（图1），然后在蛋清中分3次加入25克细砂糖，用打蛋器打至捞起蛋清后，在打蛋器上能形成弯钩（图2），将打好的蛋黄糊倒入打好的蛋清糊中翻拌均匀，并将低筋面粉和可可粉混合后筛入（图3）。

2 用橡皮刮刀迅速彻底地翻拌均匀（图4），倒入铺有不粘布的烤盘内（图5），放入预热好的烤箱中层，以170℃烤8～10分钟。烤好后，用慕斯圈在蛋糕片上刻出相对应的蛋糕片（图6），接着将慕斯圈用锡纸包好，将刻好的蛋糕片放入慕斯圈底部备用（图7）。

巧克力慕斯的做法

3 将蛋黄搅打起泡，一点点加入15克煮沸了的鲜奶油拌匀（图8）。

4 将吉利丁片用冷水泡软后加入到100克煮热的鲜奶油中溶化拌匀（图9），然后将鲜奶油倒入事先放入巧克力碎块的大碗中（图10），隔热水将鲜奶油和巧克力碎块混合均匀（图11），再将巧克力鲜奶油溶液整体过滤一遍（图12），得到更细滑的溶液，最后将做法3中搅拌好的蛋黄糊倒入搅拌均匀（图13），即成巧克力慕斯。

咖啡慕斯的做法

5 先将蛋黄加细砂糖打至黏稠发白，一点点加入15克煮沸了的鲜奶油拌匀（图14）。再将咖啡粉和热水混合成咖啡粉液，加入咖啡酒拌匀（图15）。

6 将吉利丁泡软，加入咖啡酒液中溶化并拌匀（图16）。将咖啡酒液倒入之前打好的蛋黄糊中拌匀（图17），最后加入搅打至黏稠的100克鲜奶油拌匀（图18），即成咖啡慕斯。

成形

7 先将模具固定放在一个平盘中，把做好的巧克力慕斯倒入铺有蛋糕片的模具内约六分满（图19），放入冷藏室至凝固后，再将咖啡慕斯舀入模具内（图20），再次放入冷藏室至凝固后，即可脱模食用。

超级啰嗦

＊蛋糕片可以先用模具刻出印子，然后用剪刀剪出形状，这样更整齐。蛋糕片的大小要比模具稍大一点点，这样铺入模具底部的时候才够紧实。

＊蛋糕片铺入模具之后，可以在上面刷点咖啡酒液，这样吃起来口感更湿润。

＊制作慕斯时，蛋黄中要一点点地加入煮沸的鲜奶油，以防液体太热烫熟蛋黄。

＊脱模前可用热毛巾包裹模具四周15秒左右，或用吹风机吹吹四周，这样比较好脱模。

＊可用可可粉、咖啡豆、金箔等来装饰。

甜杏奶酪慕斯杯

分量 200毫升的慕斯杯，2杯

原料

甜杏200克
牛奶10毫升
细砂糖50克
朗姆酒1毫升
柠檬汁2～3滴
奶油奶酪100克
糖粉20克
鲜奶油60克

做法

1 将去皮的甜杏切成小块，放入搅拌机内，加入牛奶、细砂糖、朗姆酒、柠檬汁（图1），搅打成果泥备用（图2）。

2 将室温软化的奶油奶酪与糖粉混合（图3），搅拌均匀后加入鲜奶油拌匀成奶酪馅（图4）。

3 取洗净擦干的杯子，先倒一层奶酪馅，然后倒入一层果泥（图5），接着再倒入奶酪馅，最后薄薄倒一层果泥，冷藏30分钟即可食用。

超级啰嗦

＊如果不是杏儿上市的季节，也可以用杏桃罐头或其他水果代替。这款甜点要用熟透了的甜杏制作。

＊如果想品尝到"弹弹"的口感，可在果泥里面放入1片量的融化的吉利丁溶液。第一层果泥冷藏至凝固的时候，再倒入剩余的奶酪馅和果泥。

＊做好以后，冷藏片刻，口感更佳。

*向焦糖中倒入的鲜奶油，一定要是煮热的，太凉的液体会让焦糖凝固。倒入鲜奶油时，一定要带上手套，防止蒸汽烫伤，请千万注意。

*黄油和黄油奶酪软化到用手指按一下，能按出指印就可以，夏天的室温，从冷藏室取出半小时后使用即可。

*面糊中加入焦糖酱后不必搅拌均匀，大致混合，能形成自然的焦糖纹路即可。

*模具内部涂抹软化的黄油，可以让烤好的蛋糕更好脱模。

*在烘烤的过程中，如果感觉表面已经上色完毕，为了防止上色过深，我们可以在蛋糕上覆盖一层锡纸继续烘烤。

*烘烤时间到了以后，我们可以向蛋糕内部插入一根牙签，如果抽出牙签，牙签上没有黏性物质，说明蛋糕已经烤熟了。

焦糖香蕉乳酪蛋糕

分量 18厘米×8厘米×7厘米的蛋糕，1个

原料

面糊原料

黄油100克
奶油奶酪100克
细砂糖100克
蛋黄3个
蛋清3个
低筋面粉180克
泡打粉3克
香蕉1根

焦糖酱原料

细砂糖60克
凉水15毫升
煮沸的鲜奶油30克

其他原料

黄油（抹模具用）
奶油奶酪20克（装饰用）

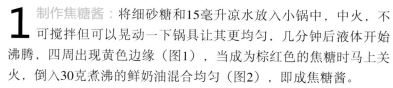

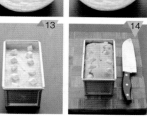

做法

1 制作焦糖酱：将细砂糖和15毫升凉水放入小锅中，中火，不可搅拌但可以晃动一下锅具让其更均匀，几分钟后液体开始沸腾，四周出现黄色边缘（图1），当成为棕红色的焦糖时马上关火，倒入30克煮沸的鲜奶油混合均匀（图2），即成焦糖酱。

2 制作面糊：将软化的黄油和软化的奶油奶酪用刮刀混合均匀（图3），加入40克细砂糖搅打成乳霜状（图4），加入蛋黄（图5），完全搅拌均匀成为膨松润泽的膏状（图6）。

3 蛋清分3次加入60克细砂糖，打至能拉出蛋清弯钩的湿性发泡状态（图7），然后取1/3打发的蛋清糊加入之前拌好的蛋黄奶酪糊里（图8），用橡皮刮刀翻拌均匀，接着筛入一半低筋面粉和泡打粉翻拌均匀（图9），然后再加入1/3蛋清霜和另一半低筋面粉和泡打粉拌匀，再拌入剩余的1/3蛋清霜，用橡皮刮刀完全翻拌均匀（图10），最后加入切成小块的香蕉拌匀（图11），淋入焦糖酱大致混合一下（图12），即成面糊。

4 模具内部抹一层薄薄的黄油，将做好的面糊倒入模具中抹平，在表面放上切成丁的奶油奶酪（图13），放入预热好的烤箱下层，以175℃烤约15分钟至表面呈现淡淡的烘焙色时取出，用锋利的片刀在蛋糕中间竖着划出约15厘米长、2厘米深的口子（图14），继续放入烤箱烘烤约30分钟即可出炉，出炉后马上扣出，放凉切块食用。

超级啰嗦

*抹开的海绵蛋糕面糊要比模具的底部大一些，这样烤好之后才能裁出一个完整的蛋糕底，并且蛋糕片要紧贴模具周围，不要有缝隙。

*如果搅拌之前奶酪没有足够软化，可以隔热水搅拌，这样可以使其更快变得顺滑。

*奶酪蛋糕中的细砂糖一定要一次性的加入蛋清中，不然打不出顺滑流动的蛋清霜。

*如果模具的高度不够或者面糊过多，可以在模具上面粘一圈油纸，这样做能够盛放更多的面糊。如果模具够高，这步可以省略。

*烘烤前向烤盘中加的水，一定要是开水，烘烤中途如果缺水，可以继续加开水。

*因为隔水烤的缘故，所以模具底部需要包上锡纸，以免水渗入模具。

*蛋糕的烘烤和冷藏时间要足够，否则容易造成糕体太软太湿。烘烤过程中如果表面已上色完毕，可以盖上锡纸以防继续上色。

舒芙蕾乳酪蛋糕

分量 直径18厘米的蛋糕，1个

原料

海绵饼底原料

蛋黄2个
蛋清2个
细砂糖40克
低筋面粉40克

奶酪蛋糕原料

奶油奶酪250克
酸奶200克
蛋黄3个
玉米淀粉60克

香草豆荚1/4根
牛奶200毫升
蛋清3个
细砂糖120克

做法

1 制作海绵饼底：蛋黄中加入20克细砂糖打至黏稠，体积略膨胀（图1）。

2 20克细砂糖分3次加入蛋清中，打至用打蛋器捞起能形成直角略弯的尖（图2）。

3 取少部分蛋清糊放入蛋黄糊中（图3），用橡皮刮刀翻拌均匀，然后倒入剩余的大部分蛋清糊中，整体翻拌均匀（图4），筛入低筋面粉（图5）。

4 用橡皮刮刀翻拌至看不到干粉（图6），接着将拌好的面糊倒入铺有不粘布的烤盘中抹平（图7）。放入预热好的烤箱中层，以上下火180℃烘烤10～15分钟即可，烘烤完毕后稍冷却脱模。

5 配合模具的大小，将蛋糕片修剪成适当的大小，铺在模具底部备用（图8）。

6 制作奶酪蛋糕：将室温软化的奶油奶酪用打蛋器搅打至顺滑（图9），加入酸奶搅拌均匀，再加入蛋黄搅匀（图10），筛入玉米淀粉搅匀（图11），加入香草籽和牛奶搅匀（图12），最后将拌好的面糊整体过滤一遍（图13），使其更加顺滑细腻。

7 用打蛋器将蛋清打成不规则的细泡，一次性加入120克细砂糖，搅打成黏稠但流动的蛋清霜（图14）。

8 将打好的蛋清霜缓缓倒入之前过筛过一遍的乳酪糊中（图15），用橡皮刮刀轻柔的翻拌均匀。

9 拌好后倒入事先准备好的模具中，模具底部包锡纸，烤盘中注入1～2厘米高的热水（图16）。

10 放入预热好的烤箱中下层，上下火，先以200℃烤约15分钟，然后降至150℃继续烘烤40分钟左右。烤好后从烤箱中取出放凉，放入冰箱冷藏1夜后脱模。

树莓巧克力慕斯蛋糕

分量 6寸花形蛋糕，1个

原料

巧克力蛋糕原料
鸡蛋4个
细砂糖70克
低筋面粉50克
可可粉20克
黄油30克

装饰原料
新鲜树莓少许
新鲜蓝莓少许
薄荷叶少许
糖粉少许

树莓慕斯原料
冷冻树莓100克
细砂糖30克
吉利丁片1片
朗姆酒或樱桃酒1毫升
鲜奶油100克

巧克力慕斯原料
牛奶30毫升
鲜奶油45克
可可粉10克
黑巧克力80克
黄油60克
鲜奶油120克

巧克力蛋糕的做法

1 将鸡蛋打散，与细砂糖混合放入盆中，隔热水加热到40℃左右移开（图1），接着用电动打蛋器打至完全膨发（图2），混合筛入低筋面粉和可可粉（图3），并用橡皮刮刀翻拌均匀。

2 加入融化的黄油（图4），快速翻拌均匀后倒入模具中（图5），轻震几下震出大泡，放入预热好的烤箱中层，以180℃烤约25分钟，放凉后脱模。用齿刀横向片出1厘米厚的蛋糕片备用（图6）。

树莓慕斯的做法

3 将解冻的树莓搅打成泥，加入细砂糖搅匀（图7），取少许树莓浆隔热水加热，加入用冷水泡软的吉利丁片（图8），搅拌至溶化，与剩余的大部分树莓浆拌匀（图9），再加入朗姆酒拌匀（图10）。

4 将鲜奶油打至六分发（图11），取少量鲜奶油放入树莓浆中拌匀后一起倒入剩余的鲜奶油中拌匀（图12），即成树莓慕斯。

巧克力慕斯的做法

5 将牛奶和45克奶油混合加热至沸腾，关火后加入可可粉拌匀（图13），再次加热至沸腾后关火（图14），将煮沸的溶液倒入切碎的黑巧克力中，使巧克力溶化（图15），将两者混合均匀。

6 加入软化的黄油（图16），不停搅拌至两者融为一体，成顺滑且有光泽的状态（图17），取120克鲜奶油打至六分发，加入巧克力浆中混合（图18），即成巧克力慕斯（图19）。

7 用模具将片好的蛋糕片刻出形状（图20），模具用锡纸包好，将蛋糕片铺于底层（图21），接着倒入树莓慕斯让其自然摊平（图22），放入冷藏室3小时左右使其凝固。

8 凝固后取出，倒入巧克力慕斯，用抹刀抹平表面（图23），放入冷藏室至凝固后取出，脱模后装饰上新鲜树莓、蓝莓、薄荷叶、糖粉即可切块食用。

超级啰嗦

*我们用全蛋式海绵法来制作蛋糕片，将蛋液加热到40℃左右，会更易打发。

*完全打发的全蛋液，捞起滴落在盆中后会在盆中形成凸起，且这样的凸起纹路滴落在盆中不消失。如果打发不完全，蛋液滴落在盆中会慢慢消失或纹路不清晰。

*分割蛋糕片时，最好使用较长的齿刀在转台上操作，注意刀要持平，这样才能分割出较平整的蛋糕片。

*树莓属浆果类水果，我们使用新鲜树莓或冷冻树莓都可以。在有些城市的农贸市场或者超市可以买到。没有树莓的季节，可以用草莓、蓝莓等代替。

*巧克力慕斯中使用的巧克力，最好选用可可脂含量在50%以上的巧克力。

*做好的巧克力慕斯不是液体状，而是膏状，放入模具时要注意底部不要存在缝隙。

*花朵慕斯圈的每个花瓣形状并不是完全相同，所以一定要记住刻出的蛋糕片的花瓣是对应模具的哪个花瓣，建议做个记号。用圆形或正方形的模具就不存在这个问题了。

*冷藏好的慕斯，用吹风机吹吹模具四周，然后轻轻拿起模具，放在距离盘子1～2厘米处，慕斯会慢慢滑落在盘中，这样就轻松脱模了。

超级啰嗦

*此分量适合17厘米×17厘米×6厘米的正方形模具，如果你的模具大小不太相同，请适当增减。

*我用的是无底慕斯圈，所以在底部和周围紧紧的粘了两层锡纸。你也可以用其他的活底模具来制作。

*饼底材料中，饼干和黄油的用量比例请不要随意增减，太干或太湿都会对成品有影响。

*融化黄油的方法是：把黄油放在容器中（最好是金属容器，导热快），然后把这个容器放在热水中，黄油就会很快融化。注意不要让水溅入黄油内。

*可以选择袋装红茶或散装红茶来制作这款红茶奶酪条，最好红茶的颜色能深一些，做出的蛋糕颜色会更漂亮。

*如果没有时间室温软化奶酪，也可以将奶酪盆放在热水盆中，这样软化起来比较快。

*刚刚烤好的奶酪条，内部组织还相当不稳定，所以要放在冰箱冷藏6小时以上再脱模。如果比较急着吃的话，可以冷冻2小时后脱模。

红茶奶酪条

分量 17厘米×17厘米×6厘米，1个

原料

奶酪糊原料
奶油奶酪250克
细砂糖70克
鸡蛋3个
低筋面粉30克
橙汁15毫升
鲜奶油200克
红茶包5包
水80毫升

饼底原料
全麦消化饼干100克
融化的黄油50克

做法

1 制作饼底：将消化饼干放入塑料袋中，用擀面棍擀成细碎的饼干末（图1），放入容器中，倒入融化的黄油搅拌均匀（图2），倒入模具中，用勺子压实压平（图3），这样饼底就做好了。

2 制作奶酪糊：取4包红茶包放入水中煮开，取出茶包，用手尽量挤出茶色，让水的颜色浓一些（图4），茶包丢掉不要，留用50毫升红茶水，再取一包茶包，撕开后将红茶末放入杯中，倒入刚刚煮好的红茶水（图5），备用。

3 把室温软化的奶油奶酪搅拌至顺滑（图6），加入细砂糖搅拌均匀（图7），逐个加入鸡蛋拌匀（图8），每拌匀一个，再加入下一个，接着筛入低筋面粉拌匀（图9），继续倒入橙汁拌匀（图10），将拌好的奶酪糊整体过滤一遍（图11），使之更细滑。

4 再加入鲜奶油搅拌均匀（图12），倒入红茶液拌匀成奶酪糊（图13），倒入事先准备好的铺有饼底的模具中至八分满（图14）。放入烤箱以180℃烤约60分钟，至表面呈现金黄色后即可从烤箱中取出。室温放凉后，放入冰箱冷藏一夜后取出，小心脱模，切块食用。

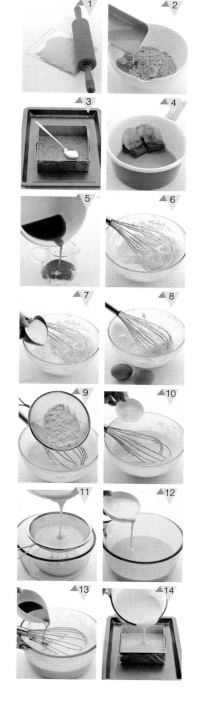

提拉米苏

原料

蛋糕片原料
蛋黄4个
细砂糖60克
蛋清4个
低筋面粉60克

咖啡液原料
速溶咖啡25毫升
热水100毫升
咖啡酒10毫升

马斯卡朋奶酪糊原料
马斯卡朋奶酪200克
鸡蛋2个
细砂糖70克
牛奶100毫升
吉利丁片2片
鲜奶油200克

表面原料
可可粉适量

做法

1 制作蛋糕片：将蛋黄和20克细砂糖混合，搅打至黏稠，颜色变成浅黄色（图1）。

2 40克细砂糖分3次加入到蛋清中，打至湿性发泡的状态（图2），加入之前打好的蛋黄液，用橡皮刮刀翻拌均匀（图3），筛入低筋面粉（图4），用橡皮刮刀拌匀。

3 倒入铺有不粘布的烤盘中抹平，大小要够切割成2个蛋糕片（图5），放入预热好的烤箱中层，以180℃烤约15分钟，至表面金黄，蛋糕片表面摸起来没有沙沙声。

4 将蛋糕片取出放凉，用慕斯圈在蛋糕片上压一下使其出现痕迹（图6），然后用锋利的片刀切出两个正方形蛋糕片（图7），模具底部包裹锡纸并粘好四边，将一片蛋糕片铺在底部备用（图8）。

5 制作咖啡液：将速溶咖啡放入杯中，倒入热水搅匀（图9），再加入咖啡酒拌匀（图10）。

6 制作马斯卡朋奶酪糊：将室温软化的马斯卡朋奶酪用橡皮刮刀拌至顺滑（图11）。

7 将鸡蛋和50克细砂糖混合均匀（图12），加入牛奶拌匀（图13），倒入小锅中，以最小火加热并用木勺不停搅拌，直到快沸（约85℃），液体变得稍黏稠，像可以流动的酸奶（图14），即成蛋奶糊。

8 趁蛋奶糊还热的时候，加入用冷水泡软的吉利丁片（图15），搅至溶化。将鲜奶油与20克细砂糖混合均匀，并搅打至六七分发（图16）。

9 将蛋奶糊倒入马斯卡朋奶酪中搅拌均匀（图17），再倒入打好的鲜奶油搅匀（图18），即成马斯卡朋奶酪糊。

10 组合：将咖啡液均匀地刷在事先准备好的第一片蛋糕片上（图19），最好让咖啡液浸透蛋糕片,然后将马斯卡朋奶酪糊倒入模具一半的位置（图20），再铺入另外一片蛋糕片，刷上咖啡液，再倒入剩余的奶酪糊（图21），倒满以后用刀背轻轻的在表面划过，让表面更平整（图22），放入冷藏室冷藏6小时以上即可脱模，筛上可可粉，切块食用。

 超 级 啰 嗦

*在烤盘中铺入蛋糕面糊时，要根据自己的慕斯圈大小来定，要能裁剪出两个慕斯圈大小的蛋糕片。蛋糕片可以裁减得比慕斯圈稍大一点点，这样铺进去的时候，蛋糕片与四边会衔接得比较紧密。

*最好准备一个平板，模具包好锡纸后，就放在平板上不再移动了。平板与蛋糕一起放入冷藏室，直到脱模时再拿去平板。

*马斯卡朋奶酪保质期非常短，并且乳脂中的水分也容易渗出，所以买来后一定要冷藏保存，尽快用完。马斯卡朋奶酪不宜过多搅拌，只要轻轻拌匀拌顺滑即可。

*加热蛋奶糊一定要用最小火，并且要不停搅拌，不要着急，几分钟后自然会变得黏稠。这个粘黏程度比较轻，像稀稀的酸奶一样。

*如果让蛋糕片浸满咖啡液，这样口感会比较好。

*受模具大小、蛋糕片厚度、鸡蛋大小等因素的影响。奶酪糊和蛋糕片不会正好用完，剩余少量的材料，可以将蛋糕边和奶酪糊装在杯子里同样冷藏，味道是一样的，更随意也更简单。

*蛋糕表面的图案，是我自己用纸剪的，只要在纸上画交叉线条，形成正方形格子，然后一层格子掏空，一层格子保留，并在中间写上TIRAMISU字样，同样掏空，然后覆盖在蛋糕表面，筛上可可粉就可以了。很多烘焙用品店有现成的筛板，各种图案可以选择。

面包篇

MIANBAOPIAN

*不管是用机器还是用手工揉面都可以，只要揉到适当的状态，完成发酵，就能做出美味的面包。用手揉面的过程有点儿长，一定要有耐心，揉至面团该有的状态，别因为着急，就偷懒放入烤箱了，那样的面包做出来效果可不好哦。

*在饧发面团时，将面团放入烤箱内，然后在烤箱中放入1碗开水，就能制造一个温暖湿润的环境。需要注意的是，饧发面团时，烤箱千万不要通电，我们只是利用烤箱这个相对密闭的空间保持水的温度和湿度。

*面团发酵完毕的自检方法：手指粘一些高筋面粉，戳入面团中央，如果留下的空洞基本无变化，既不回弹也不塌陷，说明发酵完成。

*如果没有专用法国面包划口刀，也可以用其他锋利的刀片来代替。第一刀要从中间那条开始，然后再划边上的几条，划刀口的时候要果断流畅，如果一刀划下去不够深，还可以再补一刀。

*喷水是为了制造面包表皮脆硬的口感，用喷壶随意在热烤箱内部任意位置喷上水，然后放入面包，立即关门即可。也可向面包表面直接喷些水，最好水流要细，且发散要均匀。

布里面包

原料

中筋面粉500克
盐1茶匙
细砂糖1汤匙
奶粉1汤匙

干酵母4克
水360毫升
黄油1茶匙
高筋面粉10克

做法

1 将中筋面粉、盐、细砂糖先混合均匀，再加入奶粉和干酵母搅拌均匀，然后加入水（图1），先将上述材料基本混合成团后，反复用手揉成面团（图2，如果用机器揉面，效果会更好），直到取一块面团，撑开后能呈现隐约透出手指的薄膜（图3），放入室温软化的黄油（图4）。

2 放入黄油后，继续不停的揉，揉到拿起一块面团撑开，能变成透光的薄膜（图5），这时面团才算真的揉好了。

3 案板上撒一层薄薄的面粉，把面团放在案板上，盖好保鲜膜，放在温暖湿润处（约28℃即可），基础饧发约45分钟（图6）。

4 基础饧发后，面团变成约两倍大（图7）。然后将面团分割成每个约200克的小面团，滚圆后覆盖保鲜膜松弛15分钟（图8）。

5 待面团松弛后，将面团拍扁并对折（图9），再按扁并排出气体，将面团竖过来，上下折起（图10），再将面团对折一次，把面皮衔接处捏紧，并用手搓成中间粗两头细的橄榄形（图11），接着在发酵布上筛上一些面粉，并把整形好的面包放在发酵布上，放在温暖湿润处最后饧发约45分钟（图12）。

6 发酵好后，在面包上筛上一层薄薄的高筋面粉（图13），用面包刀（普通的锋利的刀也可以）在面包表面竖着划4个刀口（图14）。

7 烤箱以220℃预热至达到温度后，用喷壶在烤箱内部喷些水，然后放入面包，以220℃烤约15分钟至表面呈现漂亮的烘焙色即可。

豆沙辫子面包

分量 1个

原料

面团原料
高筋面粉150克
低筋面粉150克
细砂糖50克
盐2克
奶粉20克
干酵母1/2茶匙
小号鸡蛋1个（约30克）
水150毫升
黄油30克

其他原料
红豆沙馅150克
白芝麻20克
（黑芝麻也可以）
全蛋液20克

做法

1 制作面团：将高筋面粉、低筋面粉、细砂糖、盐搅拌均匀，加入奶粉和干酵母拌匀，再加入鸡蛋和水（图1）。将上述所有材料揉合成面团，揉至能抻出较厚且不光滑的膜（图2）。

2 加入软化的黄油继续揉合（图3），一直揉到取一小块面团，能抻开光滑且薄至透光的薄膜（图4），这样面团就揉好了。

3 然后将面团滚圆（图5），放在温暖湿润处，发酵45～60分钟。

4 1小时后，面团变成发酵前的1～1.5倍大，用手指粘些面粉戳入中间，抽出手后，孔洞基本不回弹（图6）。

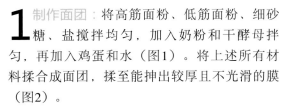

5 然后将面团平均分成12份，滚圆后覆盖保鲜膜松弛15分钟（图7），每个面包用6份，共2个面包。

6 制作辫子面包：将松弛好的面团擀开呈长条形，取约10克豆沙馅抹在面皮上（图8），然后横向将面皮卷起成圆柱形，并搓长至25厘米左右（图9），封口要捏紧。

7 按以上步骤，将一个面包的六块小面团搓好，然后将六条放在一起并将头部捏在一起，捏紧（图10）。

8 接着将第6条辫子压过第1条，再将第2条压过第6条，再把第1条压过第3条，接着把第5条压过第1条，然后把第6条压过第4条，接着再重复2压6、1压3、5压1、6压4的步骤（图11～图15），直到完全编好，将两端收口捏紧。

9 放在温暖湿润的地方最后发酵约1小时，发酵好以后，在面包表面均匀地刷上全蛋液（图16），然后在辫子的花纹处粘上白芝麻（图17），放入预热好的烤箱中下层，以180℃烤约25分钟至表面金黄即可。

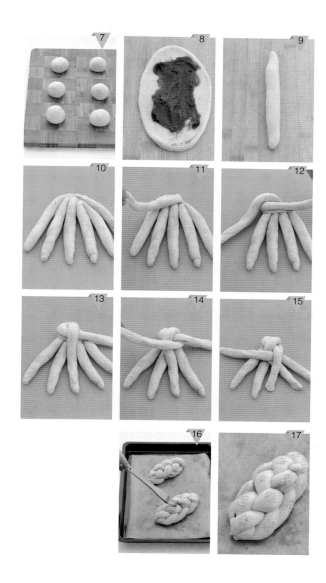

超级啰嗦

*除了豆沙馅外，也可以根据自己的喜好选用其他馅料，如果酱、巧克力、蜂蜜杂果等。

*如果包好馅料的面团不能一次性搓成25厘米长，可以搓完一次静置一会让其松弛，然后再搓长就容易多了。

*6条辫子的头尾结合处一定要捏紧，防止在发酵和烘烤的时候裂开。

*在"编织"过程中辫子的序号不是一成不变的，随着其位置的变化，序号也随即发生改变，比如第6根压住了第1根，那么下一步的时候刚才的第6根就变成了第1根，原来的第5根就变成了第6根（有点晕吧？哈哈，看文字晕，但自己动手做就不会晕啦）。

*辫子要编得紧一些，编到最后收口的时候不太好编，要坚持编到不能再编，然后再将收口捏紧。

*先在手指上蘸点水，然后用手指去粘些芝麻，然后再将芝麻粘到面包的花纹上，这样比较好操作。

*配方中的麦芽精可以在烘焙专卖店买到，如果买不到，可以用等量的麦芽糖、细砂糖或枫糖浆替代。

*法国面包面团，并不需要揉出薄膜，揉均匀稍具弹性即可。

*如果你家的烤盘放不下40厘米长的面包，可以根据自己的实际情况调整面团的大小。

*面团整形时，封口要捏紧，并把封口压在底部，以防发酵和烘烤时封口裂开。

*面团放在发酵布上间隔排放，是为了让面包发酵得更规整有形。

*如果家里没有法国面包专用的划口刀，可以用其他锋利的刀代替。可以先划一个浅浅的口，然后再补一刀。每一刀都要斜着划，第二刀要划在第一刀尾部的1/3处。

*制造蒸汽是为了让面包表面产生脆硬的口感。制造蒸汽的方法是随意在预热好的烤箱中用喷壶喷水，尽量喷得分散一些，大喷壶要来回喷3～4下，也可以在面包表面喷一些水。烤制中途如果感觉水气不够，可以再补喷一次。

法国棍子面包

分量　3根

原料

高筋面粉500克
麦芽精1克
水350毫升
盐8克
干酵母3克

做法

1 将高筋面粉和水放入厨师机中（或盆中），加入麦芽精（图1），揉合成团后，加入干酵母（图2），揉合均匀（这时面团无弹性，一拉就断），覆盖保鲜膜静置20分钟（图3），再加入盐充分揉合（图4），揉匀后盖上湿棉布，放在室温内发酵2个小时（图5）。发酵完毕后，面团会变成之前的1.5～2倍大（图6）。

2 将发酵好的面团分割成每个约280克的小面团，共3个（图7），滚圆后盖湿布静置松弛30分钟。

3 30分钟后，用手将面团拍扁，排出面团中的空气（图8）。

4 将面皮上下对折（图9），再从上往下对折一次，并将封口捏紧（图10）。然后将面团搓成约40厘米长的条状，放在撒了粉的发酵布上间隔排放（图11），置于温暖湿润的室内，完成最后的发酵，约1小时。

5 预热烤箱。待面团发酵完毕后，用法国面包刀（或锋利的刀片）在面团上面斜着划3刀（图12）。

6 打开烤箱的门，用喷壶喷一些水在烤箱中使之产生蒸汽。

7 将面包放入烤箱中下层，用220℃烤约25分钟至表面金黄。

8 取出，充分冷却后食用。

奶油小吐司

分量 **2个**

原料

高筋面粉200克　　全蛋液240毫升
低筋面粉200克　　牛奶20毫升
细砂糖40克　　　　黄油160克
盐4克　　　　　　　全蛋液50克（涂抹用）
干酵母4克

做法

1 将高筋面粉、低筋面粉、细砂糖、盐、干酵母放入盆中混合均匀，然后放入全蛋液和牛奶（图1），将上述材料不停揉合，取一小块面团抻开，能出现稍透光且较厚的薄膜（图2），加入软化的黄油（图3）。

2 继续将面团和黄油完全揉合均匀，成为一个光滑的面团（图4），放在温暖湿润处基础发酵约45分钟。

3 基础发酵后，将面团分割成每个约70克的小面团（图5），滚圆后覆盖保鲜膜松弛15分钟。

4 松弛后再次滚圆，将面团错落着放在吐司模内，一盒6个，放在温暖湿润处进行1小时的最后发酵。

5 发酵好后，在面团表面刷上一层全蛋液（图6），放入预热好的烤箱中，以180℃烤约30分钟，出炉后立即脱模。

超级啰嗦

＊此面团配方的量可以做两个小吐司，如果不需要做那么多，可以按比例减少各种原料的用量。

＊面团配方中黄油的量较多，可以先加入一部分揉匀后再加一些，直到完全混合均匀。

＊揉搓面团用力或时间过度，或者发酵温度过高，都会让面包内的油脂渗出，建议大家在揉搓面团时，以面团光滑为止，发酵温度不要太高，没必要放在阳光底下直晒。

＊将发酵好的面团等分成若干份即可，并不用严格遵守配方中面团的重量。

＊吐司面包模具较高，所以要放在烤箱下层烤制，如果表面已经上色完毕，可以在吐司上覆盖一张锡纸防止继续上色，然后继续烘烤至熟。

＊发酵时间的长短和温度、湿度等有密切联系，配方中给出的发酵时间仅为参考时间。

*用机器或用手揉面团都可以，程序是一样的。如果是初学者，不必追求一定要将面团揉出薄膜，揉成一个光滑有弹性的面团就可以了。

*面皮的长度要与培根的长度相匹配，如果面皮较短，可以稍拉动一下面皮使两者长度一致。

*面团卷完培根之后，封口一定要捏紧，以防发酵和烘烤时裂开。

*尽量选择整条完整，质优的培根。不要选用冷冻过的培根，冷冻过的培根水分较大。如果只有冷冻过的培根，室温解冻后，一定要用厨房纸巾充分吸干水分后再用，否则会影响面包的口感。

*将面团放在棉布上隔开发酵，是为了让面团发酵得更加规整，有形。

*要用大且锋利的剪刀为面包剪口，口子要剪的深，但是不要剪断，剪刀倾斜约45°。

培根麦穗面包

原料

面团原料
低筋面粉150克
高筋面粉150克
细砂糖20克
盐4克
干酵母3克
黄油12克
水180毫升

配料
培根片4片
黑胡椒碎约5克

做法

1 在盆中放入低筋面粉、高筋面粉、细砂糖、盐、干酵母拌匀，加入水揉合成团（图1），继续揉至面团变得具有一定弹性时，加入软化的黄油继续揉合（图2）。

2 当面团揉至能抻出较薄的薄膜时（图3），将面团放在温暖湿润处基础饧发1小时左右（图4）。

3 将发酵好的面团分割成每个约125克的小面团（图5），滚圆后覆盖保鲜膜，松弛15分钟，松弛好以后将面团按扁，并横向擀开成培根的长度。

4 将培根放在面皮上面（图6），接着将面皮从上至下对折，盖住培根（图7），再从上至下对折一次，并捏紧两头和底部的封口（图8），将面团稍微搓长搓匀一些，约为25厘米，间隔放置在撒了粉的棉布上，再撒上黑胡椒碎（图9），放在温暖湿润处最后发酵45～60分钟。

5 将发酵好的面团移至不粘布上，用大剪刀斜着45°在面团上剪5～6下（图10），并将麦穗一左一右摆放好，剪好后，将面团放入喷了水的烤箱中，以210℃烤约20分钟至表面金黄即可。

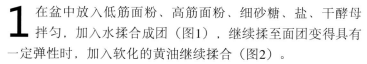

超级啰嗦

*此配方的量约能制作12个面包，如果觉得量大的话，可以将材料按比例减半。

*薯泥需要先将紫薯和红薯蒸熟，然后过筛，用勺子按压，磨成细腻的薯泥。

*如果刚做好的菠萝皮有些粘手，可以在手上轻扑一些面粉，或者将菠萝皮冷藏15分钟使其变硬
一些。

*要将菠萝皮慢慢推铺开来，使其能够包裹住整个面团的顶部。

*市面上有现成的菠萝包模具，可以压出菠萝皮的菱形花纹，但是自己用刀压出来更有趣，也更
实惠。

薯泥菠萝包

原料

面团原料

高筋面粉150克
低筋面粉150克
细砂糖50克
盐2克
奶粉20克
干酵母3克
鸡蛋30克
水150毫升
黄油30克

菠萝皮原料

黄油60克
糖粉40克
盐1克
蛋液30克
奶粉10克
低筋面粉100克

馅料

紫薯泥80克
红薯泥80克

做法

1 制作面团：将高筋面粉、低筋面粉、细砂糖、盐先拌匀，然后加入奶粉和干酵母，接着加入鸡蛋和水（图1），将上述材料揉合成团，面团揉和至能抻出较厚且不光滑的膜时（图2），加入软化的黄油继续揉合（图3），一直揉到取一小块面团，能抻开光滑且薄至透光的薄膜（图4），这样面团就揉好了。将面团滚圆（图5），放在温暖湿润处基础发酵45～60分钟。

2 1小时后，面团变成发酵前的1～1.5倍大，手指粘点面粉戳入中间，抽出手后，留下的孔洞基本不回弹（图6）。

3 将面团分割成每个50克的小面团（图7），共约12个。滚圆后覆盖保鲜膜松弛15分钟，松弛好以后，将面团拍扁，放入约15克薯泥，包起并捏紧封口（图8）。

4 制作菠萝皮：混合软化的黄油、糖粉、盐，并搅拌均匀（图9），分次加入蛋液并搅拌均匀（图10），再加奶粉和低筋面粉搅拌均匀（图11），即成菠萝皮。

5 制作菠萝包：手上带面粉，取约20克菠萝皮搓成球形，拍扁后放在已包馅的面团上，再稍压一下菠萝皮，使其包裹住整个面团。

6 然后用刮板或刀背在菠萝皮上横竖分别压几个印，使其呈现菱形花纹（图12），摆入烤盘中，放在温暖湿润处最后发酵45～60分钟。

7 放入预热好的烤箱中下层，以180℃烤约15分钟至表面金黄。

＊意大利香料指的是用罗勒、百里香等干燥香料磨成的碎屑或粉末，在西餐调料店和超市的进口商品柜台可买到。

＊这款面包的含水量大，所以在卷擀的时候一定要在案板或面团上涂一点橄榄油，否则会出现粘连的情况。

＊面团一定要擀得细长一点，太宽的面皮卷起来显得很长，做出的成品不好看。

意大利香料面包

分量 约18个

原料

中筋面粉500克
盐5克
细砂糖15克
奶粉15克
干酵母4克
水360毫升
黄油15克
意大利香料18克

做法

1 将中筋面粉、盐、细砂糖先混合均匀，然后加入奶粉和干酵母搅拌均匀，再加入水（图1），先将上述材料用手（或厨师机）基本混合成团，再揉至取一块面团撑开能呈现隐约透出手指的薄膜（图2）。

2 放入室温软化的黄油（图3），继续揉至能撑开大片的，更薄的透光薄膜（图4），这样面团就揉好了。把面团放在案板上（图5），放在温暖湿润处（约28℃，湿度80%），基础饧发约45分钟。

3 基础饧发后，面团变成之前的两倍大（图6），然后将面团分割成每个50克的小面团，每个撒入1克意大利香料（图7），将意大利香料和面团轻轻揉合几下，滚圆后覆盖保鲜膜松弛15分钟（图8）。

4 面团松弛好后，将面团搓成水滴形（图9），在案板和面团表面薄涂一层橄榄油，把面团擀成最宽处约7厘米、长约30厘米的细长条，上略宽，下略窄（图10），将面皮卷起，收尾处压在面团下面（图11），放在铺有不粘布的烤盘中，在温暖湿润处最后饧发30~40分钟。

5 饧发完毕后，在面包表面筛上一层面粉（图12），烤箱预热后，用喷壶在烤箱内随意喷几下水，然后放入面包，以220℃烤约10分钟，至表面出现漂亮的淡金色即可。

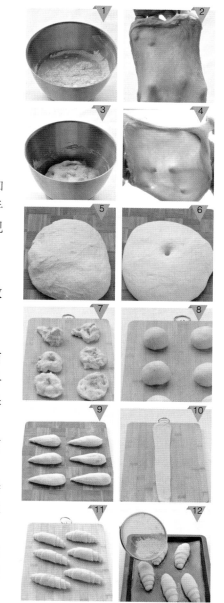

*此面团配方，约能制作4个200克的面包，吃不了这么多的话，可以按比例减少配方中的原料，面包的大小可以做的小一些。

*面团配方中黄油的量较多，先加入一部分，揉得差不多了，再加一些，直到完全混合均匀，不要一次性全放进去，否则不好揉。

*面团揉搓过度或者发酵温度过高，都会让面包内的油脂渗出，操作时请一定要注意哦。

*配料的种类和多少不必拘泥，可以增加一些手边容易买到，或自己喜欢的食材。

*配料中的水分不宜过多，如果有水分大的食材，应先用厨房纸巾吸去多余水分。

综合果蔬面包

分量 200克的面包，4个

原料

面团原料

高筋面粉150克　　　干酵母3克
低筋面粉150克　　　全蛋液180毫升
细砂糖30克　　　　牛奶15毫升
盐3克　　　　　　　黄油120克

配料

胡萝卜丝50克
熟南瓜丁30克
青橄榄丁15克
蔓越莓丁5克
培根丁30克
欧芹碎3克
黑胡椒碎3克
全蛋液20克
帕马森奶酪粉15克
橄榄油15毫升

做法

1 将高筋面粉、低筋面粉、细砂糖、盐、干酵母放入盆中混合均匀，然后放入蛋液和牛奶不停揉合（图1）。取一小块面团抻开，能出现稍透光且较厚的薄膜时（图2），加入软化的黄油（图3），继续将面团和黄油完全揉合均匀，成为一个光滑的面团（图4）。

2 把面团拍扁，将胡萝卜丝、熟南瓜丁、青橄榄丁、蔓越莓丁、培根丁、欧芹碎、黑胡椒碎放在面团上（图5），大致混合一下配料和面团。然后以将面团从中间扯断，再重叠的方式（图6），重复几次将面团和配料混合均匀，滚圆后放在温暖湿润处基础发酵45～60分钟（图7）。

3 基础饧发好以后，将面团分割成每个200克的小面团（图8），滚圆后覆盖保鲜膜松弛15分钟，松弛好以后再次滚圆，放在不粘布上进行45分钟的最后发酵。发酵好以后在面团表面刷上一层全蛋液（图9），撒上帕马森奶酪粉（图10），放入预热好的烤箱中，以200℃烤约20分钟至表面金黄后出炉，趁热刷上橄榄油即可。

超级啰嗦

*可以根据自己的喜好，对面团的大小以及奶酪的种类做适当调整。

*面团表面涂一点橄榄油，是为了让扭转的纹路明显，面皮不至于粘合得特别紧密。

*扭转的时候，几个手指的距离不要过近，手指稍微张的开一点，扭转的纹路会更明显。

*扭转后表面有凸起，封口朝下发酵时不易放置，所以要略用些力气将面团按在烤盘中。

*发酵完毕后，如果觉得纹路变得不明显，可以再扭转一下。

乳酪石榴包

分量 约10个

原料

面团原料
高筋面粉300克
麦芽精1克
水210克
盐5克
干酵母2克

配料
奶油奶酪50克
车达奶酪50克
橄榄油5毫升
面粉15克

做法

1 将高筋面粉和水放入搅拌盆中，加入麦芽精（图1），揉合成团后，加入干酵母（图2），揉合均匀后（这时面团无弹性，一拉就断），覆盖保鲜膜静置20分钟（图3），再加入盐充分揉合（图4），揉匀后盖上湿布室温发酵2小时（图5），发酵完毕后，面包变成之前的1.5～2倍大（图6）。

2 将发酵好的面团分割成每个50克的小面团，共约10个（图7）。滚圆后覆盖保鲜膜松弛30分钟，松弛后将面团拍扁，放入适量奶酪丁（图8），面皮边缘涂一点橄榄油，接着用手的虎口处将面团封口处揪起（图9），揪起后将面团的封口处用手扭转一下，扭出纹路（图10），扭转后在面团表面筛一些面粉，封口朝下放在烤盘中，放在温暖湿润处最后发酵45～60分钟（图11）。

3 发酵完毕后将面团翻转过来，再稍微扭转一下让其纹路更明显，在表面均匀地筛上面粉（图12），放入预热过喷有水的烤箱中，以210℃烤约15分钟至表面金黄即可。

超级啰嗦

*如果是用机器混合面团和蔓越莓，用低速混合约1分钟就可以。如果是用手揉，要将蔓越莓切的细一些，先将面团和蔓越莓初步混合一下，然后用扯断面团再重叠面团的方法，这样反复几次即可将面团和蔓越莓混合均匀。

*卷长条面团和围圆圈时，都会有收口。我们要让这两个收口都在一面，发酵时翻过来，这样就看不到面团收口了，比较美观。

*发酵后的贝果变得比较软，为了能更好的拿起贝果，我们在铺不粘布的同时，也可以在布上撒一些面粉防粘。

*如果选用小锅煮贝果，锅具一定要选不粘的，不然贝果翻面的时候，很容易粘在锅壁上。如果用大锅，水和细砂糖的量应按比例增加。

*煮贝果需要用小火，翻面的时候要小心一些，要注意尽量沥干水分再放在不粘布上烘烤。

*贝果煮过后，外形看起来会有些塌陷，不要担心，高温烘烤后又会重新鼓起来的。

蔓越莓贝果

原料

贝果原料

低筋面粉150克
高筋面粉150克
细砂糖20克
盐4克

干酵母3克
黄油12克
水180毫升
蔓越莓果干20克

糖浆原料

水1000毫升
细砂糖50克

做法

1 制作贝果面团：在搅拌盆中放入低筋面粉、高筋面粉、细砂糖、盐、干酵母拌匀后再加入水（图1），将上述材料放入厨师机中揉和成团（图2），一直揉至当面团变得具有一定弹性时，加入软化的黄油继续揉合（图3）。

2 当面团揉至能捆出较薄的薄膜时（图4），就揉好了。将切碎的蔓越莓果干放入面团中，混合面团和蔓越莓，直至两者完全混合在一起，即成贝果面团（图5）。

3 将揉好的面团放在温暖湿润处，饧发约1小时。

4 制作贝果：把发酵好的面团分割成每个90克的小面团，共约6个（图6）。

5 滚圆后覆盖上一层保鲜膜松弛15分钟，松弛好以后将面团拍扁，横向擀成长条片（图7），然后将面皮从前往后卷起，收口处的面皮要薄（图8）。

6 将卷好的面皮搓长至约25厘米，刚刚卷面团时的收口处朝上，将面团弯过来，一头面皮按扁（图9），将另一头放在按扁的面皮上，然后用按扁的面皮紧紧的包住较圆的那头，封口捏紧，即成贝果（图10）。

7 封口朝下摆放在铺有不粘布的烤盘中，放在温暖湿润处最后饧发约1小时（图11）。

8 用糖浆煮贝果：将水和细砂糖放入小搪瓷锅中，煮沸后改小火，将贝果发酵时朝上的那面先放入糖浆里煮15秒（图12），然后小心翻面，将另一面也煮15秒（图13），接着将贝果捞出沥干水分（图14），再次放在不粘布上，发酵时朝上的面依然朝上，放入预热好的烤箱中，以210℃烤约15分钟至表面金黄即可。

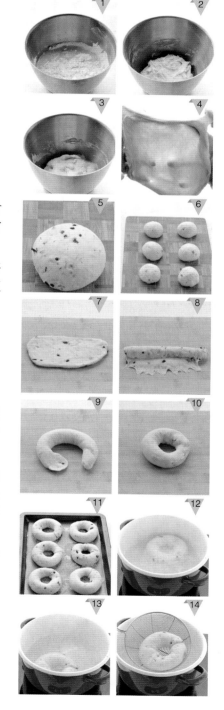

苹果面包布丁

分量　直径8厘米、深5厘米的烤碗，约2碗

原料

蛋奶液原料
鸡蛋1个
细砂糖10克
牛奶65毫升
鲜奶油65克
香草豆荚1/8根

其他原料
黄油5克（涂烤模）
糖粉5克（食用之前筛入）

馅料原料
细砂糖15克
中等大小苹果1个
黄油5克
肉桂粉1克
面包4片（切丁）
葡萄干约10颗
杏仁片约10片

做法

1 制作蛋奶液：将鸡蛋和细砂糖混合均匀后加入牛奶和鲜奶油混合均匀（图1），剖开香草豆荚，将香草籽加入拌匀（图2）。

2 制作馅料：将平底不粘锅置于中火上，放入细砂糖（图3），待细砂糖融化并成为棕红色时（图4），加入切成块的苹果和黄油翻炒3分钟（图5），然后加入肉桂粉（图6），翻炒1分钟后即可关火盛出备用。

3 在陶瓷烤碗内均匀地刷上软化的黄油，然后将面包丁、苹果块、葡萄干、杏仁片均匀地放入烤碗内（图7），均匀浇上蛋奶液（图8），放入预热好的烤箱中层，以180℃烤15～20分钟至表面金黄微焦即可出炉，食用之前在表面筛上糖粉口感更好。

超级啰嗦

*我们可以将面包片切成约2厘米边长的方形或者三角形，如果喜欢比较脆的口感，可以只取面包的四角，切出4个边长约5厘米的三角形，然后再将每个三角形对半切，这样每片面包可以切出8个小三角形。

*苹果削皮，切成较小的滚刀块即可，如果切完不能马上使用，最好用淡盐水浸泡，防止氧化变黑，使用前用厨房纸巾吸去多余水分。

*将细砂糖直接放入不粘锅中，不需搅拌和翻炒，糖化后随即就会成为焦糖。

*这款苹果面包布丁的配料和用量，相对于一些严格的配方来说，可以随意些，可以根据自己的喜好添加一些其他的水果和配料，如果喜欢蛋奶液多一些的，也可以增加一些。

超 级 啰嗦

*可以使用市面上出售的甜甜圈模具，也可以像我一样Diy。不管你做的甜甜圈有多大，重要的是大圈和小圈看起来比例要适当。

*炸甜甜圈的油温不宜过高，否则容易造成外皮糊了，而里面还没熟。温度升上来之后，要一直用小火炸制。

*中间刻出来的小球，同样可以发酵后炸制，一样美味。

*甜甜圈可以蘸取多种酱料，搭配多种食材。发挥想象，制作出具有你独特风格的甜甜圈吧！

原料

面团原料
中筋面粉330克　　盐1克
牛奶80毫升　　　细砂糖50克
干酵母3克　　　　香草籽1克
鸡蛋2个　　　　　黄油80克

装饰原料
糖粉50克
朗姆酒15毫升
水15毫升
开心果碎、栗子
蓉、杏仁片各少许

做法

1 在温热的牛奶（40℃）中加入干酵母和1小勺面粉（分量外，约5克），搅拌均匀，静置15分钟（图1），在另一个碗中放入鸡蛋、盐、细砂糖、香草籽搅匀（图2）。

2 将中筋面粉放入盆中，分别加入牛奶液和蛋液（图3），将面粉和液体混合，揉成一个稍光滑，具有一定弹性的面团，加入软化的黄油继续揉合（图4），直到揉成一个光滑且有弹性的面团（图5），放在温暖湿润处饧发约45分钟，发酵好的面团变成之前的1～2倍大（图6）。

3 将发酵好的面团轻轻按扁，排出空气，然后将面团擀成1～1.5厘米厚的面皮，用一个直径约8厘米的大圆形和一个直径约3厘米的小圆形刻出甜甜圈的形状（图7），刻好后放在温暖湿润处进行最后40分钟的发酵。

4 锅中放入植物油，烧至约160℃时转小火，放入发酵好的甜甜圈（图8），发酵时朝上的那面先放入油锅里炸，炸至金黄色翻面，盖上盖子再炸约30秒，至两面金黄即可捞出（图9）。

5 装饰：在糖粉中分别倒入朗姆酒和水拌匀成糖霜（图10），将炸好的甜甜圈放入糖霜里蘸一下，撒上杏仁片、开心果碎、栗子蓉等装饰即可。

油炸奶酪面包球

分量 约20个

原料

面团原料
中筋面粉260克
盐3克
细砂糖20克
干酵母3克
水170毫升

其他原料
马苏里拉奶酪200克
植物油500毫升

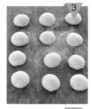

做法

1 在盆中加入面粉、盐、细砂糖搅匀，再加入干酵母搅匀，最后加入水（图1）。

2 先揉成无光泽无弹性的基本面团，然后继续揉搓成光滑有弹性的面团（图2），覆盖保鲜膜，放在温暖湿润处，基础饧发约1小时。

3 1小时后，面团变成之前的1.5倍大，将发酵好的面团分成每个约25克的小面团，共约20个（图3）。滚圆后松弛15分钟，将松弛好的面团拍扁，包入奶酪丁（图4），收紧封口，包好后覆盖保鲜膜静置15分钟。

4 小锅中放入植物油，烧至约160℃转小火，放入面包球（图5），一面炸至金黄后，翻面再炸另一面，两面加起来炸2~3分钟，捞出沥干油分即可（图6）。

超级啰嗦

*油炸面包球的面团并不需要揉出薄膜，揉成一个光滑有弹性的面团即可。

*面包球可大可小，可以根据自己的需要和喜好做些调整。

*包入馅料后，封口一定要捏紧，以防炸制的时候馅料流出。

*尽量用小锅炸制，这样比较省油。锅中的油要有一定高度，不然面包球会粘底。

*炸制第一面的时候，可以盖着锅盖炸，炸另一面的时候可以不盖盖子。

*160℃油温为五六成热，这时有些许烟冒出。

塔派·泡芙篇

TAPAI · PAOFUPIAN

超 级 啰 嗦

*由于这款面皮比较酥，擀开和压入模具时容易破裂，所以要格外小心，动作尽量轻柔一些。

*面皮压入模具后，用叉子在皮上面扎一些孔，这样在烘焙过程中，派皮的底部不会因受热而高高隆起。

*南瓜蒸熟后，尽量用筛网过滤出细腻的南瓜蓉再使用，那样会比较细腻。不要仅仅用勺子碾碎，会影响口感。

*由于南瓜的含水量有差异，会影响内馅的稀稠度，南瓜蓉比较干的，可以在内馅中多加一些鲜奶油，反之，则可少加一些。内馅的稀稠度请参考图15。

*我是用带有图案的镂空花形筛网，筛上糖粉进行装饰的，你也可以用你手边可以取得的工具和材料来进行装饰。

南瓜乳酪派

分量　1个

原料

甜酥派皮面团原料
黄油62克
糖粉50克
鸡蛋25克
盐1克
低筋面粉125克

南瓜乳酪派内馅原料
奶油奶酪120克
黄砂糖30克
鸡蛋1个
蒸熟的南瓜泥100克
低筋面粉10克
玉米淀粉10克
鲜奶油120克

装饰
糖粉约1汤匙
装饰花纹筛网1个

做法

1 制作甜酥派皮面团：黄油放在室温中软化，用打蛋器搅拌至顺滑（图1），再加入糖粉、盐完全拌匀（图2），分次倒入打散的蛋液，每打匀一次再加入下一次，用电动打蛋器充分搅打均匀（图3、图4）。

2 将低筋面粉放在案板上，中间挖个洞，放入之前拌好的黄油（图5），不断地将黄油混入面粉中，直到基本成团（图6）。

3 在案板上不断地用手掌（注意是用手掌）搓面团（图7），使其酥性增强，搓1～2分钟后，将面团重新整理成圆形，成甜酥派皮面团。装入保鲜袋（图8），放入冰箱冷藏室（非冷冻）静置1小时。

4 1小时后，将面团从冷藏室取出，在案板上撒上薄薄的面粉，将面团擀成约0.3厘米厚的片，压入模具中备用（图9、图10）。

5 制作南瓜乳酪派内馅：奶油奶酪放在室温中软化后，加入黄砂糖搅匀，再加入鸡蛋搅匀（图11、图12），然后加入蒸熟并过筛的南瓜泥搅匀（图13）。

6 再将低筋面粉和玉米淀粉混合筛入（图14），搅匀后，倒入鲜奶油搅拌均匀。做好的内馅应该是顺滑并稍微有点黏稠，用打蛋器划过时，能形成纹路，并会慢慢消失（图15）。

7 将做好的内馅填入之前做好的派皮内至六七分满（图16），放入预热好的烤箱内，以170℃烘烤30～40分钟，至派皮边缘微黄，馅料金黄略带烘焙色即可。出炉晾凉后可根据自己的喜好进行装饰（或不装饰）。

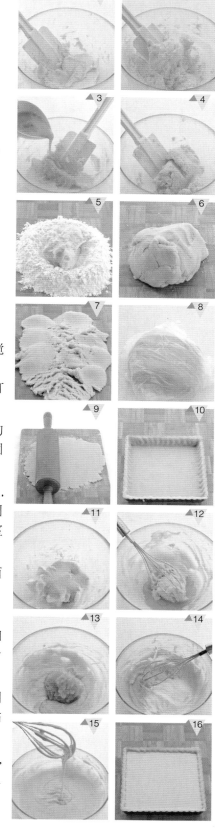

超级啰嗦

*派皮面团以软硬适中，基本不粘手为宜。配方中的水可以先放入80%，然后依据面团软硬，再酌情添加。

*放入冷藏室静置面团的目的是让其得到充分的松弛，更容易擀开。

*杏仁奶油馅中的杏仁粉可以取大杏仁放入干磨机中打碎，也可以买市售的杏仁粉。

*派皮内铺有约0.2厘米厚的杏仁奶油馅即可，不要铺太多。

*苹果片的厚度约为0.1厘米，切好的苹果片要放在盐水中浸泡后再使用。

*苹果片要由外圈向里圈一圈一圈的铺，外圈的苹果片可以遮住模具的边缘和派皮，在烤的过程中，它会慢慢软下来，从而回到派皮内部。

*烘烤至苹果整体呈焦糖色，四周微焦，这样成品会比较漂亮。

*出炉后表面可以筛一些糖粉，效果更佳。

奶香杏仁苹果派

分量 8寸，1个

原料

派皮原料

低筋面粉75克
高筋面粉75克
盐3克
黄油100克
水约20毫升
鲜奶油约20克

其他原料

红富士苹果2个
细砂糖20克
黄油20克

杏仁奶油馅原料

黄油50克
糖粉50克
鸡蛋1个
杏仁粉50克

做法

1 制作派皮：将低筋面粉、高筋面粉、盐混合放入盆中，加入切成小块的黄油丁，用刮板不停在黄油和面粉之间切拌（图1），当黄油和面粉被切成松散的沙粒状时，倒入水和鲜奶油的混合物（图2），先大致拌一下，然后用手将其整理成均匀光滑的面团，盖上保鲜膜，放入冷藏室静置1小时（图3）。

2 1小时后，将面团从冷藏室内取出，案板上均匀的撒上一层薄粉，将面团擀成约0.3厘米厚的面皮（图4），接着将面皮压入模具中，并用手指将模具内的花纹压出，然后用擀面棍擀去模具上方多余的面皮，接着用叉子在面皮上扎一些孔（图5），派皮就做好了。

3 制作杏仁奶油馅：将室温软化的黄油搅拌至顺滑，加入糖粉拌匀（图6），接着分次加入打散的蛋液（图7），搅拌均匀，加入杏仁粉拌匀（图8），即成杏仁奶油馅。

4 在做好的派皮上均匀的涂抹一层杏仁奶油馅（图9），将切成薄片的苹果均匀的码放在派皮上，再撒上细砂糖和黄油丁（图10），放入烤箱中，以180℃烤约40分钟，直到派皮呈现淡淡的金黄色，苹果片变软，产生漂亮的金色和微微的焦色即可。

超级啰嗦

*经过腌渍的水果更香甜润滑，即使经过烤制，口感还是很好。除了使用黄桃，也可以选用罐装苹果、甜梨等。

*制作派皮使用的黄油一定要是刚从冷藏室取出的，硬硬的黄油丁。经过切拌以后，让每一小块黄油丁都沾上面粉。

*派皮的软硬，除了与水分的多少有关，也与天气和材料的品质有关系。所以加水量要灵活，可以先加70%～80%，然后根据派皮的软硬度再适当添加水。

*剩余的少量派皮面团，可以压入较小的模具中，制作小塔派。

*图中使用的模具为8寸心形慕斯模，你也可以选用其他形状的8寸模具来代替。

*此配方中的派皮需要在不粘布上烘烤，所以直接在不粘布上擀开面皮，这样就不用再挪动面皮了，比较方便操作。

*在派皮上铺馅料的时候，集中在中间就行，因为还要留出派皮的边向上折。向上折派皮时要用巧劲，顺势将派皮的边折好，并包裹住派馅。

**烘烤时间为参考时间，以派皮金黄，派馅微焦为准。

黄桃樱桃派

分量　约8寸大小的心形派，1个

原料

派馅原料

罐装黄桃250克
樱桃6颗
细砂糖30克
牛奶30克
朗姆酒1毫升

派皮原料

低筋面粉120克
黄油80克
盐1克
牛奶15～20毫升

做法

1 制作派馅：将罐装黄桃切成粗条，樱桃切丁，一起放入大碗中，加入细砂糖搅拌均匀（图1），接着加入牛奶（图2），最后加入朗姆酒搅拌均匀（图3），腌渍30分钟。

2 制作派皮：将低筋面粉、盐、硬硬的黄油丁放入盆中，用刮板在黄油和面粉中不停的切拌（图4），直到将两者拌成均匀的沙粒状。

3 加入牛奶（图5），拌成团后装入保鲜袋或覆盖保鲜膜（图6），放入冷藏室冷藏30分钟（冬天）或1小时（夏天）。

4 不粘布上撒一些面粉，将冷藏好的面团擀成约2毫米厚的面皮（图7），将8寸心形模具放在面皮上刻出一个心形派皮（图8），然后用叉子在面皮上扎若干个孔（图9）。

5 将腌渍好的派馅沥去多余水分，厚厚地铺在派皮中间，将派皮的四边折起2～3厘米（图10），放入预热好的烤箱中层，以180℃烤40分钟左右，至派皮金黄、馅料略失水分并微焦即可。

超级啰嗦

*此分量适合3个10厘米×5厘米的小塔模。如果准备做比较大的塔，可以将食材按比例增加。

*面粉和黄油的吸水量，会因原料本身的质量和室温的不同，而发生变化。所以，我们往面粉中加入液体时，要先加入80%～90%的量，然后根据面团的状态，再酌情添加。

*塔皮的面团以软硬适中，柔软但不粘手，不觉得干硬就行。

*塔皮面团不要使劲揉搓，整理成团即可。放在冷藏室静置是为了让它更好松弛并更容易擀开。

*为了不让面皮在烘烤时鼓起，所以我们要在烘烤时压些重物，这个重物可以选择你身边容易取得的原料，如豆子、大米等。也可以在烘烤前的塔皮上用叉子扎几个眼，然后再铺上重物进行烘烤。

*用小刀将香草豆荚剥开后，取出香草籽就可以添加在蛋奶液中了。剩下的香草豆荚的外皮，可以放入家中的白糖罐中，这样，几天之后，糖会有淡淡的香草味。

*这款蛋奶液同样适用于其他塔派内馅的制作。

*每家的烤箱温度都不同，请根据自家烤箱的情况酌情调整温度和时间。

蓝莓塔

原料

塔皮原料	蛋奶液原料	其他原料
低筋面粉50克	蛋黄10毫升	新鲜蓝莓125克
高筋面粉50克	细砂糖10克	
盐1克	酸奶20毫升	
黄油70克	鲜奶油30克	
水15毫升	牛奶20毫升	
鲜奶油15克	香草豆荚1/8根	
	朗姆酒5毫升	

做法

1 制作塔皮：将低筋面粉、高筋面粉、盐混合放入盆中，加入切成小块的硬硬的黄油丁（图1），用刮板不停在黄油和面粉之间切拌，当把黄油和面粉切成松散的沙粒状时，倒入水和鲜奶油的混合物（图2），先大致拌一下，然后用手将其整理成均匀光滑的面团，盖上保鲜膜（图3），放入冷藏室静置1小时。

2 1小时后，将面团从冷藏室内取出。案板上均匀的撒上一层面粉，然后将面团擀成3～4毫米厚的面皮（图4）。

3 将面皮铺入模具中，并用手指将模具内的面皮花纹压出，用擀面棍擀去模具上方多余的面皮（图5），在面皮上铺一层锡纸，压一些重物在上面（图6），以防烘烤受热面皮鼓起。

4 放入预热好的烤箱中，以180℃上下火烤约10分钟，10分钟后取下重物和锡纸，再继续烘烤5分钟即可出炉。

5 制作蛋奶液：先在蛋黄中加入细砂糖并混合均匀（图7），加入酸奶搅拌均匀（图8）。接着将牛奶、鲜奶油、香草籽混合均匀（图9），倒入之前拌好的蛋液中搅匀（图10），最后加入朗姆酒（图11），即成蛋奶液。

6 将做好的蛋奶液舀入烤好的塔皮中约六分满，摆入蓝莓（图12），放入烤箱中层，以180℃烘烤15分钟左右，至果浆流出，蓝莓由大变小，塔皮颜色金黄即可。

培根奶酪酥饼

分量 3个

原料

奶酪酱汁原料
奶油奶酪200克
黄油20克
鲜奶油150克
蛋黄2个
低筋面粉15克
盐1克
黑胡椒碎2克
意大利香草2克

馅料原料
黄油10克
洋葱100克
培根200克
蘑菇80克
黑胡椒碎少许
意大利香草2克

其他原料
冷冻飞饼3～5张
意大利香草3克

做法

1 制作奶酪酱汁：将软化的奶油奶酪、软化的黄油与鲜奶油一起混合均匀（图1），加入蛋黄拌匀（图2），接着将低筋面粉和盐混合筛入搅匀（图3），再撒入黑胡椒碎和意大利香草拌匀（图4），即成奶酪酱汁。

2 制作馅料：平底锅中放入黄油融化，加入切成条的洋葱翻炒1分钟（图5），再加入培根和蘑菇片继续翻炒2～3分钟（图6），最后加入黑胡椒碎和意大利香草（图7），关火盛出。

3 将飞饼铺在烤盘内，铺上炒好的馅料，浇上酱汁，再撒一些意大利香草（图8），放入预热好的烤箱中层，以190～200℃烤约15分钟至表面呈淡金色即可。

超级啰嗦

*学会这款咸派的酱汁，你会发现它可以用到的地方太多了。各种咸味的塔派、比萨都可以使用，非常好吃。

*这款派内的所有食材都比较易熟，所以烤至外表金黄酥脆的时候就可以出炉啦。

菠萝酥皮泡芙

分量 约20个

原料

泡芙面团原料

水100毫升
牛奶100毫升
黄油丁90克
盐1克
细砂糖5克
低筋面粉120克
鸡蛋4个
（约200克）

酥皮原料

黄油100克
糖粉50克
低筋面粉70克
杏仁粉20克

卡士达鲜奶油馅原料

蛋黄3个
细砂糖50克
低筋面粉50克
牛奶250克
香草豆荚1/4根或香草精5滴
鲜奶油200克

泡芙面团的做法

1 将水、牛奶、黄油丁、盐、细砂糖一起放入锅中，中火加热至黄油完全溶化，液体完全沸腾（图1）。关火，迅速倒入过筛好的低筋面粉，用木勺搅拌，将面团从疙疙瘩瘩的状态（图2），搅拌成一个均匀且不粘锅、不粘手的面团（图3）。

2 搅拌好以后重新放在小火上加热，不停搅拌1～2分钟，直到锅底出现一层由于受热而粘在锅底的薄膜（图4），离火。

3 离火后继续搅拌一会，让面团散热，当面团降温至热却不烫手时，少量多次地加入打散的全蛋液（图5），每完全拌匀一次，再加入下一次，一直搅拌至用木勺捞起面糊时留在木勺上的面糊呈现倒三角形（图6），即成泡芙面糊。

4 使用直径1厘米的圆形裱花嘴，将面糊装入裱花袋中，在铺有不粘布的烤盘中挤出直径约5厘米的圆形面糊（图7），盖上湿布备用。

泡芙面团的做法

5 将室温软化的黄油搅拌至顺滑，加入糖粉搅匀（图8），将低筋面粉和杏仁粉混合筛入拌好的黄油中（图9），用刮刀拌匀（图10），即成酥皮面团。

6 将酥皮面团放入冰箱冷藏30分钟（以便更好操作），将面团分成每个约10克的小面团，在面团上沾一点薄粉，配合挤好泡芙的大小按成一个圆片（图11），接着将圆片放在挤好的泡芙上（图12），放入预热好的烤箱中层，以200℃烤约30分钟。

7 烤至泡芙变成之前的两倍大，表面呈现漂亮的金黄色即可关火，继续放在烤箱里闷5～10分钟即可取出。

卡士达鲜奶油馅的做法

8 在蛋黄中加入细砂糖，用手动打蛋器搅打至黏稠，颜色略发白（图13），筛入低筋面粉（图14），搅匀备用。

9 将牛奶倒入锅中，加入香草籽或香草精（图15），煮至即将沸腾时关火，将牛奶晾至不烫，慢慢倒入蛋黄和面粉的混合物中（图16），一边倒一边搅拌，直到完全搅匀。

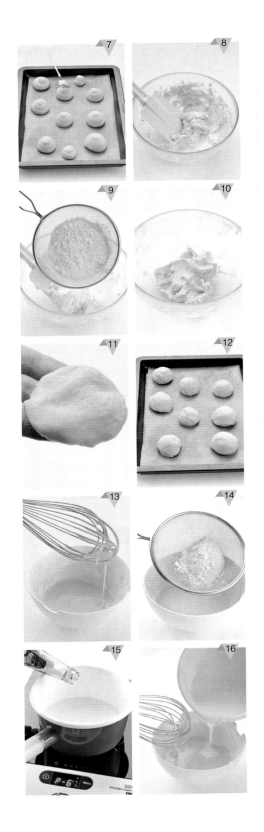

10 搅拌均匀后，重新放回锅中，以小火加热，不停搅拌，直到像浆糊一样黏稠，用打蛋器捞起还可以缓缓滴落（图17），关火，即成卡士达酱。

11 盛出并盖上保鲜膜，放入冷藏室备用。将鲜奶油打至八分发（图18），分3次加入冷藏好的卡士达酱中搅匀（图19），即成卡士达鲜奶油馅。

成形

12 在泡芙侧面扎一个小洞，将卡士达鲜奶油馅装入裱花袋中，挤入泡芙内即可食用（图20）。

超级啰嗦

*泡芙面团中的黄油要切成较小的丁，在煮的时候适当搅拌一下，使其更快溶化。

*泡芙面团中的液体一定要煮至完全沸腾时再关火，关火后的下一秒就要将低筋面粉全部倒入，接着就要马上搅拌。也就是说关火—倒粉—开始搅拌，这几个动作请尽量在3秒内完成。

*泡芙面团中使用的鸡蛋要用常温状态下的蛋，太凉的话会影响泡芙成品质量。

*泡芙面团太热时加鸡蛋，鸡蛋容易被烫熟。如果泡芙面糊太凉的话，吸收蛋液的能力会变差。所以我们要等面糊并不烫手，但还具有热度的时候分次加入鸡蛋。

*拌好的泡芙面糊，用木勺捞起后，挂在木勺上的面糊呈现倒三角状，即使滴落也是非常缓慢的。如果已经到这个状态了，即使剩一些蛋液，我们也可以不再加入了。

*做好的泡芙面糊，请尽快使用，尽快入烤箱。如果需要放置一会，请覆盖湿布或保鲜膜。

*刚刚拌好的酥皮面糊比较软，不易成形。冷藏后的酥皮面团由于内部的黄油变硬，所以面团也变得更好操作。面团的用量要根据泡芙的大小而定，一般1~2毫米厚。

*卡士达鲜奶油馅的用处相当广泛，不管是慕斯蛋糕、泡芙馅、塔派馅里都能看到它的身影。卡式达酱+鲜奶油=卡式达鲜奶油馅。其中鲜奶油的用量，会根据不同的甜品做适当的调整，但做法都是相同的。

*卡式达酱热的时候是很顺滑的，冷藏后就变成凝固的状态，我们在将它和鲜奶油混合之前，要用橡皮刮刀再次将卡式达酱搅拌至顺滑。

*酥皮泡芙烤完之后，表皮非常酥脆，所以我们在泡芙的侧面灌入馅料，尽可能少的对泡芙进行移动，以保存完好的外形。

花环泡芙

原料

泡芙面团原料

水100克
牛奶100克
黄油90克
盐1克
细砂糖1茶匙
低筋面粉120克
鸡蛋4个（约200克）

装饰及其他原料

鲜奶油100克
（打发，泡芙围边用）
杏仁片25克
糖粉1汤匙
全蛋液20克
（刷泡芙表面用）

卡士达鲜奶油馅原料

蛋黄3个
细砂糖50克
低筋面粉50克
牛奶250克
香草精5滴（或香草豆荚1/4根）
鲜奶油200克

做法

1 制作泡芙面团：把水、牛奶、黄油丁、盐、细砂糖一起放入锅中（图1），中火加热至黄油完全溶化，液体完全沸腾（图2）。

2 沸腾后马上关火，迅速倒入过筛的低筋面粉，用木勺搅拌。将面团从疙疙瘩瘩的状态（图3），搅拌成一个均匀且不粘锅、不粘手的面团（图4）。

3 搅拌好以后重新放在小火上加热，不停搅拌1～2分钟，直到锅底出现一层面团由于受热而粘在锅底的薄膜（图5），离火。

4 离火后继续搅拌一会，让面团散热。当面团降温至仍然热，却不烫的程度时，少量多次地加入打散的全蛋液（图6）。

5 每充分拌匀一次，再加入下一次的蛋液，一直搅拌至用木勺捞起面糊，留在木勺上的面糊呈现倒三角形（图7），泡芙面糊就做好了。

6 制作泡芙：裱花袋中装入直径1厘米的圆形花嘴，再装入泡芙面糊，在铺有不粘布的烤盘中，转圈儿紧挨着挤出6个直径约3厘米的圆形面糊，使其围成一个圆形花环（图8）。

7 用叉子沾一点水，在泡芙表面稍按一下使其平整，并在泡芙表面轻轻刷一层全蛋液（图9），撒上杏仁片（图10）。

8 放入烤箱，以200℃烤约30分钟至泡芙表面金黄即可。关火后继续放在烤箱中闷5～10分钟出炉即可。

9 制作卡士达鲜奶油馅：在蛋黄中加入细砂糖，用手动打蛋器搅打至黏稠，颜色略发白（图11），筛入低筋面粉（图12），并搅拌均匀备用。

10 在牛奶中加入香草精（或香草籽，图13），煮至即将沸腾时关火，将牛奶晾至不烫，慢慢倒入蛋黄和面粉的混合物中（图14），一边倒一边搅拌，直到完全搅拌均匀。

11 搅拌均匀后，过筛入锅中（图15），以小火加热，不停搅拌，直到像浆糊一样黏稠，但用打蛋器捞起还可以缓缓滴落（图16），关火，即成卡士达酱。

12 盛出后，盖上保鲜膜，放入冷藏室备用。

13 将鲜奶油打至八分发（图17），分三次加入冷藏好的卡士达酱中搅拌均匀（图18），即成卡士达鲜奶油馅。

14 制作花环泡芙：取出出炉晾凉的花环泡芙，用齿刀横向分成两半，然后将卡士达鲜奶油馅放入裱花袋中，挤入每个花朵里（图19）。

15 再将打发的鲜奶油挤在花环的周围（图20），盖上另一半泡芙，筛上糖粉即可。

超级啰嗦

＊花环泡芙的每个花瓣一定要紧挨着挤出。如果有空隙，即使受热膨胀后看似连在一起，但是一拿起来连接处也容易脱落。

＊每个花环的大小，以挤6个直径2.5～3厘米的圆形泡芙为宜。

＊挤泡芙面糊时，裱花嘴要与烤盘垂直，裱花嘴距离烤盘约1厘米垂直挤出泡芙面糊。

＊围边用的鲜奶油要打至全发，挂在打蛋器上的奶油呈现直角尖。打发好的鲜奶油要尽快使用，用不完的放冷藏室保存。

小点心·冷饮篇

XIAODIANXIN·LENGYINPIAN

枫糖水果煎饼

分量 约10张

原料

面糊原料
低筋面粉130克
泡打粉1/2茶匙
细砂糖2汤匙
全蛋液2汤匙
牛奶230毫升
融化的黄油45毫升

其他原料
葡萄随意
美国大提子随意
枫糖浆随意

做法

1 将过筛后的低筋面粉与泡打粉、细砂糖混合放入盆中（图1）。将全蛋液和牛奶混合均匀，加入35毫升融化的黄油搅拌均匀（图2）。

2 把混合好的蛋奶液慢慢倒入面粉中（图3），一边倒一边搅拌，直到完全混合均匀（图4），放入冰箱冷藏室静置30分钟。

3 将面糊从冰箱中取出，恢复至常温（约15分钟）。

4 取平底不粘锅，锅中放入约10毫升黄油，用厨房纸巾将其涂抹均匀（图5），中火加热，舀一大勺面糊入锅（图6），待面糊摊开至你想要的大小时，马上停止浇入面糊（图7），改小火烙1～2分钟，待一面金黄（图8），翻面再烙1分钟即可盛出，搭配枫糖浆和水果一起食用。

超级啰嗦

＊面糊静置30分钟的目的，是为了让面粉的筋性减弱，让泡打粉能够更好的发挥效果，使口感更加酥软。

＊用黄油和普通的植物油来烙煎饼都可以，黄油会更香一点儿。但一定注意不要用太大的火加热，否则黄油糊了的话，味道会苦，饼的颜色也不好看。

＊一次舀入锅中面糊的量约为40克，饼的直径在8厘米左右比较合适。

＊做这个煎饼，一定要使用不粘的平底锅，若用普通锅或者是不锈钢锅很容易糊锅的。

＊枫糖浆在很多大型超市的进口货架区或者是西餐烘焙用品店可以找到。如果没有枫糖浆的话，也可以改用蜂蜜。另外，你喜欢的任何水果都可以和它搭配，为你的早餐增加点儿颜色吧。

超级啰嗦

*如果没有新鲜菠萝，可以用罐装菠萝代替，使用前最好充分沥干水分。

*刚开始炒制凤梨馅时，会觉得很稀，但千万不要心急，在炒制的过程中水分会慢慢的挥发，感觉分量减少了1/3的时候，加入细砂糖和麦芽糖。一定要把水分炒干，成为黏稠的可塑性好的凤梨馅料。炒好后的体积，也就相当于一个小柠檬的大小。

*制作凤梨酥的外皮时，黄油要提前从冰箱里取出，放在室内静置，让它软化后再与糖粉和蛋液搅拌打发，这样做出的外皮才够香酥。

*凤梨馅和外皮的用量，要根据自己模具的大小进行调整。建议先试包一个看看，这样就能比较准确的估计出用量来。

*将包好的凤梨酥轻轻压入模具中至八九分满，四边没有填充完全也属正常现象。如果使劲按压，会使外皮出现裂痕。

*凤梨酥的表面经过烘烤，会有略微鼓起。如果想让表面平整，可以在凤梨酥表面压一个轻薄些的烤盘，烘烤至一半时间后再取下继续烘烤。

*凤梨酥模具最好放置于一个平整的烤盘内，并且烤盘内最好铺上不粘布。

凤梨酥

原料

内馅原料
新鲜菠萝250克
冬瓜250克
麦芽糖40克
细砂糖40克

外皮原料
黄油100克
糖粉40克
盐1克
蛋黄2个
奶粉30克
低筋面粉140克

做法

1 制作内馅：将菠萝和冬瓜去皮后切成小丁，混合后放入搅拌机中打成泥（图1），将果泥倒入锅中，以中火熬煮（图2）。

2 边煮边不停的搅拌，待锅中的水分明显减少时，加入细砂糖和麦芽糖（图3、图4），继续以中火熬煮，不停搅拌翻炒至锅中的水分基本炒干，果泥变得黏稠，体积较之前大大减小，具有很好的可塑性，即可关火，盛出放凉备用（图5）。

3 制作凤梨酥外皮：将室温软化的黄油搅拌顺滑，加入糖粉和盐（图6），搅拌成鹅黄色，分次加入蛋黄（图7），搅打至顺滑且体积增大、变成鹅黄色的膏状时（图8），把奶粉和低筋面粉混合筛入（图9），用橡皮刮刀压拌均匀，外皮面团就做好了（图10）。

4 制作凤梨酥：手上抹少许面粉，将凤梨馅搓成每个20克的小球（图11），取约30克的外皮面团搓圆按扁，包入凤梨馅（图12），收口，搓成圆形（图13），压入凤梨酥模具中（图14）。

5 烤箱预热后，把烤盘放入烤箱中层，以170℃烤15～20分钟，至表面呈现漂亮的烘焙色即可出炉，稍放凉后脱模食用。

*可以根据自己的口味，在调制可丽饼面糊时，加入可可粉、绿茶粉等调味。如果喜欢吃原味的，就参照这个配方即可。

*可丽饼的内馅儿也可以根据自己的喜好调整，但是水分过大的水果，如西瓜，建议不要使用，以免出汤太多，影响口感。

*鲜奶油在冷藏后相对比较容易打发，这款甜点对奶油的打发状态要求并不是很高。

奶油芒果小钱袋

分量 约6个

原料

可丽饼面糊原料
牛奶300克
盐1/4茶匙
鸡蛋2个
低筋面粉125克
黄油30克
朗姆酒1茶匙
鲜奶油1汤匙
香草精1/4茶匙

奶油芒果馅原料
鲜奶油200毫升
芒果1个

做法

1 制作可丽饼面糊：将盐、牛奶放入大碗中搅拌均匀，筛入低筋面粉翻拌均匀（图1、图2），倒入鸡蛋液。

2 将黄油隔热水融化，或者放入微波炉中加热10秒钟，稍微冷却后加入面糊中拌匀（图3）。

3 加入朗姆酒，接着加入鲜奶油，最后加入香草精搅拌均匀（图4~图6），将面糊过滤一遍，使其更顺滑（图7）。

4 制作奶油芒果馅：将鲜奶油倒入容器中，用电动打蛋器搅打至膨发（图8）。

5 芒果去皮，切成1厘米见方的小块（图9），放入打发的鲜奶油中搅匀即成奶油芒果馅（图10）。

6 制作奶油芒果可丽饼：在不粘锅上薄薄的涂一层黄油，加热至手距离锅15厘米左右能明显感觉到热度，将锅暂时离开火，舀入适量面糊，双面烙成金黄色即可（图11~图13）。

7 将可丽饼平摊，放入奶油芒果馅（图14），然后将可丽饼的口像捏烧卖一样捏紧即可。

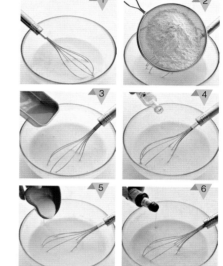

猕猴桃&芒果混合果酱

分量 高8厘米的小瓶，约4瓶

原料

猕猴桃果酱原料
猕猴桃果肉350克
细砂糖190克
柠檬汁20毫升
QQ糖1粒
冰糖10克

芒果果酱原料
芒果果肉350克
细砂糖170克
柠檬汁15毫升
QQ糖1粒
冰糖10克

做法

1 将猕猴桃和芒果去皮后分别切丁，分放入两个大碗中（图1），分别放入各自原料中的细砂糖和一半量的柠檬汁拌匀（图2），腌渍2小时。2小时后，碗中会析出部分果汁（图3）。

2 将两个碗中的果肉及果汁分别放入两个锅内，各自以大火煮沸，去掉浮沫（图4），关火，自然冷却后，覆盖保鲜膜冷藏静置12小时。

3 12小时后，分离两种水果的果肉和果汁，分别加热猕猴桃果汁和芒果果汁（图5），加热至50℃左右时，分别倒入QQ糖和冰糖（图6）。

4 用中火将果汁熬煮至黏稠浓缩时，加入对应的果肉（图7），并加入剩余的柠檬汁，继续用中小火熬煮至水分明显减少，果酱变得黏稠、透明、浓缩（图8、图9），果酱就做好了。

5 在洗净擦干的玻璃瓶内，先装入一半量的一种果酱，然后再装入另一种（图10）。装满后拧紧瓶盖冷藏保存。

超级啰嗦

*做猕猴桃果酱，最好选择进口的猕猴桃，国产的有点儿酸涩味。芒果宜选择成熟度适中，香甜微酸的。

*芒果本身的甜度要比猕猴桃大一些，所以用糖量相对少一些。

*QQ糖在这里主要起使果酱黏稠的作用。

*在最后一步煮熬的过程中，可以用勺子按压一下果肉，这样能使它更快变得黏稠。

*盛放果酱的容器一定要干净无水，且要装满，隔绝空气，冷藏保存。

脆香蛋卷

原料

黄油120克
细砂糖90克
盐1克
鸡蛋3个
低筋面粉90克
香草豆荚1/8根

做法

1 将黄油放在室温软化（轻轻触碰，类似牙膏的软硬），加入细砂糖和盐，用橡皮刮刀拌均匀（图1），再逐个加入鸡蛋搅拌均匀（图2）。

2 筛入低筋面粉（图3），用打蛋器搅拌均匀，再将香草豆荚切开，取出香草籽，放入搅拌均匀（图4），盖上保鲜膜，放入冰箱冷藏室静置30分钟。

3 将静置好的面糊从冰箱里取出，恢复室温。

4 把平底不粘锅用中小火加热到手距离锅具15厘米能明显感觉到热度，舀入1小勺面糊（图5），然后马上将锅具离火，慢慢旋转，让蛋卷面糊均匀地摊在锅内（图6）。

5 重新放回火上，以小火加热约1分钟，至底面呈金黄色后翻面（图7），待两面摊至金黄色后，用一根可耐热的小棍（木质或竹制的筷子也可以），在锅中趁热卷成圆柱形（图8），取出后抽出小棍，放置一会即变成酥脆的蛋卷。

超级啰嗦

＊面糊中也可以放些黑白芝麻，这样做好的蛋卷吃起来更香。

＊锅具只要有明显热度即可倒入蛋液，千万不要过热过烫。

＊因为面糊中含有较大量的黄油，所以放入锅中遇热后即会融化，面糊变稀之后，马上可离火旋转成平整的圆形。也可用刮板等工具让面糊摊平。要注意的是每转动一圈，都要与上一圈的面糊衔接好，不要有缝隙。

＊蛋卷要用小火烙，两面金黄后一定要趁热在锅中卷起。不要拿出锅外卷，出锅马上变脆，那样就卷不起来啦。

＊做好的蛋卷，一定要充分冷却后才会变得酥脆。放在铁皮密封桶里保存，效果最好。

超级啰嗦

*这是一款适合烘焙初学者做的小点心，没有任何的技术难度，只要按照正确的原料配比和制作方法，基本上都可以成功。

*面团中可以加入其他配料，做成其他口味的阿拉棒。如杏仁的、开心果的、腰果的、花生的等。

*静置面团的目的，是为了让面团松弛，这样更易擀开，且擀开后不易回缩。

*面团可以在保鲜袋内擀开，这样操作很方便。取出后，再稍微整形就行。

*拧面团的时候要先将中间拧出螺旋状，然后蔓延到两边。这样拧出的花纹更均匀，更漂亮。

*拧好螺旋状以后，花纹很容易从两边松掉，造成花纹减少。我们可以在两头抹少许水或者蛋液，轻按在烤盘上，这样花纹就不会松开了。

芝麻海苔阿拉棒

分量　约20根

原料

阿拉棒原料

黄油10克

盐1克

糖粉30克

鸡蛋1个

低筋面粉125克

芝麻5克

海苔1～2片

（4厘米×6厘米）

表面涂抹原料

全蛋液20克

做法

1 将黄油放在室温自然软化，搅拌至顺滑，筛入盐和糖粉（图1），用手混合均匀，分次加入打散的鸡蛋（图2），用橡皮刮刀每拌匀一次，再加入下一次蛋液，直到完全混合均匀。

2 筛入低筋面粉（图3），并加入芝麻和剪碎的海苔（图4），先在盆中用手大致揉成面团（图5），然后移至面板上，揉成光滑均匀的面团（图6），放入保鲜袋内静置30分钟。

3 静置好以后，将面团隔着保鲜袋压扁，略擀开（图7），然后继续擀至0.2厘米厚（图8），基本填充满整个保鲜袋后，静置15分钟。

4 将保鲜袋剪开，取出面皮，如果不平，再稍擀几下，切成1～1.5厘米宽的长条面皮（图9），把面皮两头切齐，拧成螺旋状，放入铺有不粘布的烤盘中，在表面刷上全蛋液（图10）。

5 放入预热好的烤箱中层，以170℃烤约20分钟，至表面金黄即可。

超级啰嗦

*水油皮包好油酥后，放入冷冻室冷冻1～2分钟，再取出来后面皮非常易擀开，且不易漏油。

*面皮擀的越薄越长，面皮卷的层数越多，做出的蛋黄酥的外皮层数就越多，口感也越酥。但要注意，卷擀的时候，动作要轻柔一些，尽量不要让里面的油酥漏出来。

*市面上可以买到成袋的咸蛋黄，专门为做蛋黄月饼、蛋黄酥这样的点心准备的。这种咸蛋黄大多是生的，要先用白酒或黄酒浸泡后蒸熟或者入烤箱烤熟，然后再使用。

*最后擀开的圆面皮最好中间厚，四边薄。在四周涂一点点水，这样收口会紧，烤好后不易露馅。

*蛋液要分两次涂抹，一层干了，再涂一层，这样色泽会更漂亮。

蛋黄酥

分量：约18个

水油皮原料
低筋面粉100克
高筋面粉100克
糖粉40克
黄油丁75克
温水90毫升

油酥原料
低筋面粉180克
黄油100克

馅料原料
咸蛋黄约18个
豆沙馅约250克

其他原料
鸡蛋1个（涂抹用）
黑白芝麻各适量

做法

1 制作水油皮：将高筋面粉、低筋面粉、糖粉混合放入大碗中，加入软化的黄油丁（图1），用手将粉和黄油略拌匀后，加入温水揉成光滑的面团（图2），成水油皮。覆盖上一层保鲜膜松弛30分钟。

2 制作油酥：在低筋面粉中加入软化的黄油（图3），用手不断的推、压、搓（图4），直到混合成一个不粘手的面团，即成油酥（图5）。

3 将水油皮分成每个约20克的小面团。

4 将油酥分割成每个约15克的小面团（图6）。

5 取一个水油皮面团按扁，放入一个油酥面团（图7），用水油皮面团包裹住油酥面团，将封口捏紧（图8），全部包好后，放入冷冻室急速冷冻2分钟。

6 从冷冻室取出一个面团，上下反复擀几次，将面团擀成又薄又扁的长条形（图9），然后将面皮从上至下卷起（图10），卷起后将面团竖过来（图11），轻轻压扁，再从上至下擀成长条形（图12），接着再从上至下卷起，卷起后直立摆放（图13），覆盖一层保鲜膜，静置15分钟。

7 15分钟后，将直立的面皮稍按扁，擀成圆片（图14），松弛5分钟。

8 取12～15克豆沙馅，先搓成球再按成扁片，包入一个咸蛋黄（图15），包好后搓成圆形。取一个刚刚擀好的面皮，包入豆沙蛋黄馅（图16），收口处稍微抹一点水，将收口包紧，成为一个圆圆的蛋黄酥（图17）。

9 将包好的蛋黄酥放入铺有不粘布（或油纸）的烤盘中，分两次刷上全蛋液，再在表面撒上黑白芝麻（图18），静置10分钟后放入预热好的烤箱中下层，以190℃烤25分钟左右，至表面金黄即可。

咖啡蕾丝脆片

分量　直径约5厘米的片，共50片

原料

鲜奶油67克
黄油50克
细砂糖90克
低筋面粉22克
香草豆荚1/8根
麦芽糖12克
咖啡液5毫升
现磨咖啡粉2克
杏仁果碎12克

做法

1 将鲜奶油、黄油、细砂糖一同放入锅中，煮至沸腾呈大泡状态关火（图1），迅速筛入低筋面粉搅拌均匀（图2），剖开香草豆荚，加入香草籽拌匀（图3），接着加入麦芽糖拌匀，加入咖啡液拌匀（图4），再加入现磨咖啡粉拌匀，最后加入杏仁果碎拌匀（图5），即成面糊（要保证加入每一种材料后都要彻底搅拌均匀）。

2 烤盘上垫不粘布，用小勺挖约3克面糊放入烤盘内，滴落在烤盘上形成直径2～3厘米的圆形，上下左右间隔要在10厘米左右（图6）。

3 放入预热好的烤箱中层，以180℃烤8分钟左右，待泡泡变小，脆皮的颜色偏棕红色，闻到明显香味即可出炉，出炉后可趁未变硬的时候，借助工具将其弯成弧形。

超级啰嗦

＊鲜奶油、黄油、细砂糖要煮至完全沸腾后才可关火，加入所有材料时都要较迅速。

＊直接在烤盘上操作，或垫不粘布和硅胶垫都可以，不同的操作方法做出的脆片孔洞的大小也不尽相同，各有特点。

＊只要滴落约2厘米直径的面糊，烤后就会变成5～6厘米。另外，一定要注意间距，否则摊开后会粘在一起。

＊脆皮取出后片刻就会变硬，所以将其弯成弧形的速度一定要快，如果没有专业的塑形器具，并不用追求必须弯成弧形。如果想试一下的话，建议可以直接将不粘布弯成弧形，片刻后取下脆片，或者放在擀面棍上，也可以辅助完成。

杏仁瓦片

分量 约20片

原料

蛋清120克
细砂糖60克
盐1克
融化的黄油15克
玉米淀粉10克
低筋面粉10克
香草豆荚1/8根
杏仁片100克

做法

1 将蛋清放入碗中并倒入细砂糖（图1），用手动打蛋器无规则的将蛋清和细砂糖拌匀，不要打发，然后倒入融化的黄油搅拌均匀（图2），接着混合筛入玉米淀粉、低筋面粉、盐（图3），并搅拌均匀，最后加入香草籽和杏仁片，用刮刀拌匀（图4），即成杏仁脆片面糊，覆盖保鲜膜，放入冰箱冷藏4小时以上使杏仁片充分吸收液体。

2 将杏仁脆片面糊从冷藏室取出，稍回温，用叉子捞起一叉子的杏仁片，让多余的液体顺着叉子缝隙自然流出（图5），待液体基本不流下的时候，用叉子将杏仁片在不粘布上均匀地摊成长方形的片状，尽量摊的薄些，并且每片杏仁片都要衔接上（图6），摊好以后放入烤箱中层，以150℃上下火烤约15分钟，至脆片呈漂亮的烘焙色即可出炉。

超级啰嗦

*配方中使用的蛋清，需要在室温下放置一段时间，蛋清过凉会使稍后加入的黄油凝固。

*筛入粉类以后，可能会产生少许面粉颗粒，这时将液体整体过滤一遍，即可去除粉类颗粒。

*杏仁片最好在液体内浸泡一夜，吸足了液体的杏仁片，烤好以后更加香脆。

*配方中的液体主要起到黏合剂的作用，并不作为烘烤时的主要部分，所以要用叉子过滤掉多余的液体。

*在不烤糊的前提下，瓦片多烤一会，颜色深一些，会更加香脆。

超级啰嗦

*面团中的黄油要选用室温软化的黄油，并切成小块。

*低筋面粉和高筋面粉要提前混合，并一起过筛，液体沸腾后，刹那间就要将面粉全部倒入。

*面团一定要混合成一个光滑、不粘的面团后，才能重新开火加热。

*第二次加热至约2分钟的时候，锅底的"嘎巴"就会产生。不要使用过大的锅，带涂层的和容易粘的锅最好都不用，搪瓷锅是不错的选择。

*太热的面团会烫熟鸡蛋，太凉的面团又会降低吸收鸡蛋的能力。所以放鸡蛋的时候，面团要热却不烫，鸡蛋需要提前从冷藏室取出让它恢复常温再使用。

*这个泡芙条最好使用小口径的星形花嘴，大口径挤出来的条不美观，且成品不够酥脆。

*在烤好的泡芙条上刷一层糖浆水，主要是为了让它更易粘上细砂糖。薄薄的刷一层即可，最好是有些黏度的糖浆。

香脆泡芙条

分量 约50条

原料

面团原料
水100毫升
牛奶100毫升
黄油65克
盐1克
细砂糖5克
高筋面粉22克
低筋面粉63克
鸡蛋120克

其他原料
蜂蜜或糖浆30克
水10毫升
细砂糖50克

做法

1 将高筋面粉和低筋面粉混合后过筛备用。

2 将水、牛奶、黄油、盐、细砂糖一起放入小锅中（图1），用中火煮至完全沸腾后迅速倒入过筛的面粉（图2），关火。

3 关火后，用木勺将液体和粉搅拌成一个光滑不粘锅的面团（图3），重新开小火，不停搅拌面团，约2分钟后，会有一层面糊由于受热变干粘在锅底，在锅底形成一层干燥的膜（图4），关火。

4 将面团移至搅拌盆中，待面团变得不烫手（但还很具热度）时，分七八次加入打散的蛋液（图5），用木勺每完全拌匀一次，再加入下一次，直到用木勺或者刮刀捞起面糊后，留在器具上的面糊成为倒三角状、黏稠、顺滑，基本不滴落或滴落的非常缓慢（图6），这样面糊就做好了。

5 使用小星形裱花嘴，将面糊装入裱花袋中，在不粘布上挤出约15厘米长的条形面糊（图7），放入预热好的烤箱中层，以190℃烤15～20分钟，至表面出现漂亮的烘焙色即可关火，关火后可以在炉中再闷两三分钟后出炉。

6 出炉后，在泡芙条表面薄薄地刷一层加水稀释的糖浆或蜂蜜，撒上细砂糖即可食用（图8）。

清凉香草奶昔

分量 200毫升的玻璃杯，约3杯

原料

蛋奶酱原料

蛋黄40克
细砂糖40克
牛奶100毫升
香草豆荚1/8根

其他原料

牛奶450～500毫升

做法

1 将蛋黄和细砂糖搅匀，慢慢加入牛奶混合均匀（图1），倒入锅中，剖开香草豆荚，加入香草籽（图2），用小火煮，并不停搅拌，直到液体变得稍黏稠，快要沸腾时关火，移开放凉，即成蛋奶酱。

2 把放凉的蛋奶酱移入盆中，慢慢倒入400毫升牛奶搅拌均匀，若有些许浮沫可以用小勺舀去（图3），即成牛奶奶昔，冷藏备用。

3 取50～100毫升牛奶用打泡器打成奶泡（图4）。在玻璃杯中各放入一块冰块（图5），倒入牛奶奶昔至七八分满，舀入奶泡即可（图6）。

超级啰嗦

* 通常一个较大号的鸡蛋的蛋黄约为20克，蛋清约为40克，做这个奶昔我们需要两个大鸡蛋。

* 请一定要用最小火加热蛋奶酱，稍有黏稠的感觉即可，千万不要用大火持续长时间加热，会糊的。

* 打泡器可以在大型超市厨房餐具卖场或淘宝买到，如果没有也可以省略此步骤。

* 这款奶昔，如果在夏天饮用，冷藏后再喝口感最好啦。

南瓜香奶冰激凌

分量 1升的保鲜盒，约1盒

原料

南瓜300克
牛奶300克
鸡蛋3个（大号）
细砂糖100克
鲜奶油250克

做法

1 将南瓜去籽、切块，放入锅中蒸熟（15分钟左右），取出南瓜后去皮，将瓜肉过筛磨成泥（图1），取200克南瓜泥加入50克牛奶拌匀（图2）。

2 将鸡蛋和细砂糖混合后搅打均匀，再慢慢倒入250毫升牛奶并搅匀（图3）。

3 倒入小锅中，以最小火加热，并用勺子不停的搅拌，直到加热至酸奶般黏稠（图4），关火，把锅具放入凉水中使蛋奶糊降至常温备用。

4 将鲜奶油搅打至六七分发的状态，把冷却后的蛋奶糊倒入鲜奶油中（图5），用橡皮刮刀拌匀，然后加入之前拌好的南瓜泥，搅拌至顺滑均匀（图6）。

5 搅匀后，倒入保鲜盒内（图7），放入冰箱冷冻保存。每隔1小时取出用电动打蛋器或手动打蛋器搅拌1分钟（图8），每次搅拌完立刻放回冰箱冷冻室继续保存，重复4～5次。食用前放置在冷藏室回温半小时，口感会更好。

超级啰嗦

＊建议选择颜色橙黄，口感较甜，水分较少的南瓜作为原料。

＊制作蛋奶糊的火候一定要用最小火，大火会迅速使鸡蛋变熟，就做不成蛋奶糊了。

＊每隔1小时，可以将冰激凌糊倒入搅拌盆内，用电动打蛋器或手动打蛋器搅拌几下再放回盒子，目的是为了防止它产生很多冰碴。

＊可以使用等量的其他果泥来代替南瓜，如芒果、榴莲等水分不是太大的水果。

巧克力香蕉奶昔

分量 600毫升的杯子，约1杯

原料

巧克力奶原料

牛奶300毫升
鲜奶油30克
香草豆荚1/8根
牛奶或咖啡巧克力40毫升
黑巧克力40克

巧克力纹路原料

巧克力碎10克
鲜奶油10克

香蕉奶昔原料

香蕉80克
牛奶120毫升
细砂糖10克

做法

1 制作巧克力奶：将牛奶和鲜奶油倒入锅中混合（图1），剖开香草豆荚，刮出香草籽加入锅中（图2），大火沸腾后关火。

2 加入切碎的两种巧克力（图3），将巧克力和牛奶溶液完全混合均匀（图4）。

3 将其整体过滤一遍（图5），得到更细滑的巧克力奶，放入冷藏室备用。

4 制作香蕉奶昔：将切成片的香蕉、牛奶和细砂糖一起倒入搅拌机中混合搅打（图6），打成细滑的香蕉奶昔（图7），放入冷藏室放凉。

5 制作巧克力纹路：将巧克力碎与加热的鲜奶油以1:1混合均匀（图8），用手指将其抹在玻璃杯内部（图9），冷藏至凝固。

6 制作巧克力香蕉奶昔：将放凉的巧克力奶倒入杯中至七分满，然后缓缓地，转圈儿将香蕉奶昔倒在巧克力奶上（图10），装饰一朵用烤菠萝片卷成的小花即可。

超级啰嗦

*用香草豆荚做的奶昔味道非常好，但香草豆荚相对而言有些贵，如果用香草精的话也可以，但味道肯定会差一些。

*这款饮品冷藏后的口感最佳，热着喝会有点儿腻。

*烤菠萝片的做法是：菠萝削皮，切成约0.3厘米的薄片，在表面撒一层糖粉，放在网架上，以上下火，150℃烤约30分钟。至菠萝失水，金黄微焦即可。

核桃牛奶冻

分量 180毫升的布丁模，约4杯

原料

牛奶400毫升
香草豆荚1/8根
咖啡粉1袋（13克）
核桃40克
细砂糖40克
吉利丁片2片（10克）
鲜奶油200克

做法

1 将香草豆荚剖开取香草籽，加入牛奶中同煮，煮热后，将牛奶过滤入咖啡粉中拌匀（图1）。

2 将核桃切碎放在烤盘内（图2），放入烤箱以120℃的低温烘烤10～15分钟，将核桃烤出香味。

3 把烤香的核桃碎倒入咖啡牛奶中浸泡3～4个小时（图3），使核桃的香味完全释放出来，浸泡好后，将核桃碎过滤掉不要（图4）。

4 吉利丁片用冷水泡软，然后将咖啡牛奶重新放在火上，加入细砂糖煮热（图5），再加入泡软的吉利丁片拌至溶化（图6），放凉备用。

5 将鲜奶油打至六七分发，加入冷却后的咖啡牛奶中拌匀（图7），倒入模具中至九分满（图8），放入冰箱冷藏6小时以上，凝固后倒扣在盘子里即可食用。

超级啰嗦

*烤香的核桃在咖啡牛奶中多浸泡一会，能使其香味得到充分释放。如果想在牛奶冻中直接吃到核桃碎，就不用过滤啦。

*冷藏好的牛奶冻怎样脱模：牛奶冻从冷藏室取出后，先用牙签在牛奶冻四周边缘轻轻地浅浅地划一圈，不让其和模具衔接得那么紧密，然后连同模具一起扣在一个盘子上，利用手的温度或用热毛巾捂住模具片刻，然后再在盘子上轻磕几下，牛奶冻就会轻松脱落下来，且外观没有破损。

杏仁牛奶冻

分量 约3杯

原料

美国大杏仁50克

牛奶250毫升

细砂糖40克

吉利丁片1片

朗姆酒1毫升

鲜奶油150毫升

做法

1 将美国大杏仁放入碗中，用热水烫5分钟左右，剥去外皮，再把牛奶和杏仁分别倒入搅拌机中（图1），搅打均匀。

2 将打好的杏仁牛奶放入小锅中，加入细砂糖（图2），以小火加热至快沸时关火，盖上盖子闷10分钟，让牛奶充分吸收杏仁的香味。

3 10分钟后，将煮好的杏仁牛奶液过滤一遍（图3），以得到更细滑的液体。将吉利丁片用冷水泡软，挤干水分后加入到尚有温度的杏仁牛奶液中（图4），搅拌至完全溶化，再加入朗姆酒搅拌均匀。

4 将鲜奶油搅打至浓稠，约七八分发（图5），加入杏仁牛奶溶液中混合均匀，倒入容器中（图6）。放入冰箱冷藏4～6小时至凝固，装饰上自己喜欢的水果即可。

超 级 啰 嗦

*烫杏仁的水，温度最好在80℃上下。烫的时间以能轻松剥去外皮为准。

*搅打杏仁时，尽量把它打的碎一些，这样能够更好的和牛奶融合。

*吉利丁片一定要用冷水泡软后，再加入热的溶液中。

*七八分发的奶油，搅打过后留下的纹路不会轻易消失，且捞起奶油后，基本不滴落。

*如果急着吃，也可以放置在冷冻室1～2个小时，这样凝固的更快一些。